AF416863

Angelo Brizi

Radiazioni

Fisica delle Particelle

A Dario Brizi

Un libro che ho sempre voluto scrivere...

"**Radiazioni. Fisica delle particelle** e **Polvere di Stelle. Relatività**"

Copyright © 2019 **Angelo Brizi**

Opera pubblicata e distribuita da: **& MyBook**
Un marchio di Caravaggio Editore
Vasto (CH) – Italy
www.andmybook.it
info@andmybook.it

Collana Editoriale *Saggistica*
Prima Edizione Febbraio 2019

In Copertina: *Atom Particle* di Ezume Images

ISBN 978-88-6560-162-4

Indice: "Radiazioni"

PREFAZIONE

Un libro come biglietto, per un eccitante viaggio nel ventaglio delle radiazioni: elettromagnetiche, corpuscolari, direttamente e indirettamente ionizzanti, percorso nella profondità più ignota della materia, tramite la fisica delle particelle, la chiave per accedere all'arcano scrigno della natura dove risiede la manifestazione invisibile più segreta e divina della creazione.

Recito una frase di Enrico Fermi, definito l'architetto dell'era atomica:

"Qualunque cosa la natura ha in sé, sia buona o cattiva, gli uomini devono accettarla perché l'ignoranza non è stata mai migliore della conoscenza".

Angelo Brizi

Introduzione

La nascita e la realizzazione di questo libro è dettata dal desiderio di sensibilizzare l'uomo comune all'affascinante, misterioso e invisibile mondo delle Radiazioni, prodotte, o usando il termine appropriato, emesse dalla struttura elettronica e subatomica dell'atomo, ed irradiate da varie sorgenti naturali o artificiali, anche prodotte dall'uomo. Questo libro offre la possibilità anche *"ai non addetti ai lavori"* di fare un meraviglioso e avventuroso viaggio nell'infinitamente piccolo, all'interno dell'atomo, comodamente e completamente in sicurezza da livelli di esposizione, nella poltrona preferita, del nostro salotto di casa. Usando un linguaggio che traduce il *"gergo"*, si permette a chiunque abbia interesse di assaporare la natura della materia più intima, tramite la Fisica mediante parole comprensibili. Inizieremo insieme questo percorso percorrendo "solo un primo passo" verso un viaggio, nell'affascinante mondo delle Radiazioni, passando per la complessa scienza della fisica delle particelle.

LE RADIAZIONI

Per radiazione si intende una trasmissione di energia attraverso lo spazio. La radiazione può essere di varia natura, non ionizzante, ionizzante, corpuscolare, non corpuscolare, direttamente e indirettamente ionizzante.

Un'onda elettromagnetica è costituita da un campo elettromagnetico oscillante che si muove propagandosi e trasportando energia attraverso lo spazio. In assenza di dispersioni energetiche (p.e. nel vuoto) il campo elettromagnetico oscillante è in grado di autoalimentarsi all'infinito. Le onde elettromagnetiche possiedono una gamma continua di lunghezze d'onda e frequenze, chiamata spettro elettromagnetico. Dalle equazioni di Maxwell deduciamo che tutte queste onde hanno la stessa natura e velocità e differiscono solo per la loro frequenza. Lo spettro elettromagnetico è diviso in regioni con differenti nomi a seconda delle tecniche sperimentali di produzione e rilevazione e delle applicazioni scientifiche o commerciali. In ordine di lunghezza d'onda decrescente e frequenza crescente[1].

Lo spettro delle radiazioni elettromagnetiche comprende tutti i tipi di radiazioni, almeno fino a noi note, *ci rimangono ancora sconosciute quelle emesse dall'energia oscura, la massa oscura e dai buchi neri.*

Le radiazioni sono caratterizzate da una frequenza e un periodo, la velocità rimane costante e prossima a quella della luce denominata per convenzione **c**. (La velocità della luce nel vuoto e di circa 300000km \ secondo, e si esprime anche in questa forma $3,0 \times 10^8$ m/s.)

---

[1] Fisica Avaliardi.

La lunghezza d'onda è inversamente proporzionale alla **frequenza f,** dalla formula:

$$f = c / L$$

Per calcolare **l'energia dei fotoni**, si usa la formula:

$$E = h \times f$$

Dove **h è la costante di Planck** ed equivale a:

$$6{,}61 \times 10 -34 \; J{\cdot}s$$

L'energia della radiazione si esprime in **elettronvolt** (eV). **1 eV** è l'energia che una carica elettrica unitaria come un elettrone) che acquista attraversando una differenza di potenziale di un Volt. Multipli sono il keV (1.000 eV), il MeV (1.000.000 eV), il GeV (1.000.000.000 eV). (nota di rimando da fisica delle radiazioni).

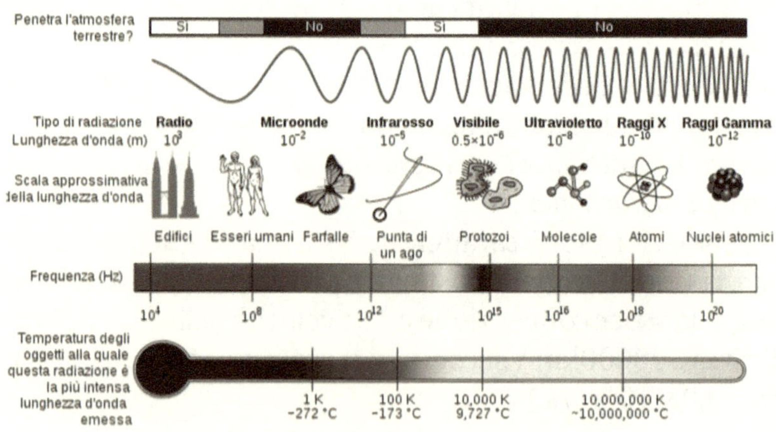

Schema completo tratto da Wikipedia

SPETTRO DELLE ONDE ELETTROMAGNETICHE

Tipologia di radiazione	Lunghezza d'onda
Onde Radio	Tra 10^4 e 10^{-2} m
Microonde	Tra 10 e 10^{-3} m
Raggi Infrarossi	Tra 10^{-4} e 10^{-6} cm
Luce Visibile	Tra 760 e 380 nm
Luce Ultravioletta	Tra 380 e 10^{-8} m
Raggi X	Tra 10^{-8} e 10^{-10} m
Raggi Gamma e Raggi Cosmici	< 10^{-10} m

Vediamo caso per caso...

Onde radio: hanno una frequenza lunga, tra i 10 Km e i 10 cm, vengono usate in genere per trasmissioni televisive, e radiofoniche. Vengono emesse da una antenna e necessitano di ripetitori per ritrasmettere il segnale, in quanto la superficie della terra è rotonda. La particolarità di questa onda e che riesce a superare ostacoli medi, ma non riesce a superare quote più elevate come le montagne.

Le microonde: hanno una frequenza che va da i 10 cm a 1 mm. La caratteristica di questa onda è che riesce ad attraversare le pareti. Viene usate per le comunicazioni telefoniche e reti mobili. È un'onda che viene adoperata sia per comunicazioni a lunga distanza, anche con i satelliti in orbita, questo tipo di onda viene utilizzata soprattutto per i forni a microonde, per la particolarità di far oscillare le molecole di umidità contenuta negli alimenti cuocendoli. Ci risulta chiaro che, come può cuocere le pietanze, può cuocere anche orecchie, timpano, cervello, sistema nervoso e endocrino, quindi cari lettori quando utilizzate il cellulare usate quanto possibile a vostra protezione gli auricolari o il vivavoce per ridurre al minimo l'esposizione alle radiazioni organi potenzialmente sensibili e vulnerabili. Questa tecnologia trova anche applicazione nei radar. Funziona un po' come nei pipistrelli, che emettono un segnale e lo ricevono tramite una risposta codificata e prestabilita dal loro sonar.

La radiazione infrarossa: ha una frequenza che va dai 700 nm a 1 mm. Si chiama radiazione infrarossa perché si avvicina alla scala del rosso. Ha la particolarità di rilevare sorgenti di calore che la emettono, anche umane. Viene usata in campo medico, nella ricerca, in campo sportivo e militare.

La luce visibile: ha una frequenza compresa tra i 400 nm e i 700 nm, nel nostro visibile vediamo la luce che comprende tutti i colori dell'arcobaleno con le svariate sfumature a cui siamo sensibili.

La radiazione ultravioletta: ha una frequenza che va dai 400 nm ai 10 nm. Dal nome si deduce che siamo vicini alla frequenza del viola, la maggiore fonte di radiazioni ultravioletta è il Sole. A cavallo di questa frequenza degli ultravioletti entriamo nelle radiazioni ionizzanti, estremamente pericolose.

I raggi x: hanno una frequenza che va dai 10 nm a 0,1 pm. Sono utilizzati in campo nucleare e medico. Riescono a penetrare i vestiti sono assorbite delle ossa che hanno la capacità di fermarle evidenziando possibili fratture Se ci si espone ad esse per lunghi periodi, rimangono pericolose le conseguenze per la salute.

I raggi gamma: hanno la frequenza più piccola della scala dello spettro, ≤ 0.1 pm. Vengono emessi dal nucleo atomico. Hanno la caratteristica di attraversare con facilità gli elementi leggeri. Vengono bloccati (da materiali dal peso atomico elevato,) tipo utilizzando lastre di piombo e calcestruzzo. Tra le applicazioni vediamo quelle in campo medico, nucleare e militare. Vengono usati contro il tumore che è sensibile alle radiazioni in forma maggiore che nelle cellule sane. Anche per basse esposizioni sono estremamente invasive, sono emesse dai reattori nucleari e da detonazione di ordigni atomici a fissione.

FONDO DI RADIOATTIVITÀ NATURALE

L'esistenza di tutte le forme di vita che osserviamo sulla Terra è possibile solo grazie all'energia che riceviamo dal Sole, prodotta in un ciclo di reazioni nucleari.

Sin dalle nostre origini sulla Terra l'uomo, è stata soggetto a delle radiazioni, sia di origine terrestre (Primordiali), con emissioni naturali o spontanee, che di natura cosmica o extra-terrestre (Cosmogenici). Sulla Terra alcuni materiali sono di natura instabile e "trasmutano" spontaneamente, o per induzione di sintesi, emettendo cosi radiazioni, elettromagnetiche o corpuscolari, come risposta alla ricerca del loro equilibrio di stabilità atomico. Questo processo è tipico di alcuni materiali "radioelementi" chiamati radioisotopi o anche radionuclidi, soggetti a reazioni nucleari. Le famiglie principali dei materiali radioattivi sono *il Potassio, il Torio, l'Uranio, Attinio.*

Di origine spontanea ci sono le esalazioni di gas Radon, un gas radioattivo che proviene dal decadimento in sotterraneo del Radio, elemento radioattivo. Lo si può trovare in situazioni ipogee, ossia in miniere, cantine, gallerie, scantinati, tunnel. Il tufo può essere un materiale potenzialmente portato a emettere questo tipo di gas radioattivo. lo si può trovare in prossimità di vecchie caldere fossili o vulcani attivi. Questo gas, precedentemente assorbito dalla struttura porosa del tufo, viene poi riemesso nell'ambiente. Quando inalato (esposizione interna) decade all'interno dei polmoni emettendo radiazione alfa, per i malati di tumore, tra i non fumatori, è considerata la causa principale di decesso. Il progresso ha portato ad un aumento delle radiazioni prodotte e di conseguenza assorbite (almeno per quanto riguarda i paesi più sviluppati), sia che siano radiazioni utilizzate a fin di bene, come per scopi pacifici, quali diagnosi mediche, ricerche scientifiche (sincrotroni e ciclotroni ora chiamati collider) o per scopi meno virtuosi, come ordigni bellici e test radioattivi nel campo militare. Possono essere contenute nei prodotti di consumo come banane (Potassio), tabacco Polonio[2]. Invece per quanto riguarda le radiazioni che arrivano dall'esterno della nostra atmosfera abbiamo, a noi più familiari, le radiazioni irradiate dal sole, che noi possiamo vedere e percepire con i nostri sensi, almeno quelle radiazioni elettromagnetiche che appartengono al range della frequenza nella radiazione della luce visibile. La luce (particelle elementari chiamate fotoni, mediatori della forza elettromagnetica) associata agli effetti termici causati dall'energia cinetica che trasmettono e riscaldano gli atomi dell'atmosfera e del terreno su cui incidono. Il Vento Solare, prodotto dal brillamento delle attività del sole (fasi o cicli solari). Lo si può ammirare a latitudini estreme come, per esempio, vicino ai poli (nord e sud,) dove l'effetto è più intenso, perché interagisce con il campo magnetico terrestre creando famosi giochi di luce chiamate Aurore (Boreale e Australe). Il nostro campo magnetico è per noi uno scudo perfetto sotto cui ripararci dagli effetti deleteri delle radiazioni che provengono dall'esterno del nostro pianeta. Poi ci sono i raggi galattici ed extra galattici, ovvero che vengono dalla nostra galassia, la Via Lattea, o che hanno origine anche extragalattica, cioè da altre stelle.

Il personale di volo e gli Astronauti, sono molto soggetti a questo tipo di radiazioni, provenienti dallo spazio, infatti per loro sono previsti monitoraggi sulle soglie di assorbimento del limite tollerabile. Consideriamo che sia gli aerei che la stazione spaziale internazionale che orbita negli stati diciamo bassi

---

[2] vedi Wikipedia.

dell'atmosfera (450 Km) è ancora parzialmente protetta dal campo dell'atmosfera terrestre. Uscire dall'atmosfera, andare per poco sulla luna (uscire dalle linee di Van Allen, linee di flusso del campo magnetico terrestre) e tornare è già molto pericoloso, senza comportare poi nel tempo l'insorgere di casi di cancro, non so come potranno sopravvivere possibili colonizzatori terrestri al viaggio su Marte, previsto per il 2035.

I raggi cosmici possono essere emessi anche da esplosioni di supernove o da collassi gravitazionali vicino a buchi neri o da quasar. Gli ioni carichi elettricamente che vengono dallo spazio vengono fermati in parte dal campo geomagnetico del nostro pianeta e in parte dalla nostra atmosfera, che, oltre al campo geomagnetico, ci protegge anch'essa. Purtroppo per nostra negligenza con protezione di ozono ridotta all'osso. Nella prima fase di interazione la radiazione primaria proveniente dal cosmo (con nuclei carichi energicamente ed estremamente radioattiva), si scompone in due parti, una parte riesce a passare l'atmosfera e una parte interagisce con essa in sottoprodotti, creando reazioni radioattive secondarie indotte. L'intensità di tale radiazione è massima ai poli, per la vicinanza del campo geomagnetico terrestre, e anche in alta montagna dove l'incidenza è maggiore, per la rarefazione dell'atmosfera dovuta all'altezza, che svolge scarsa protezione per lo spessore ridotto. Non dimentichiamo la radiazione di fondo che ci lega al momento del Big Bang. Questa radiazione vista al radiotelescopio comporta la vista di una debole radiazione isotropa (che irraggia uniformemente in tutte le direzioni), non associata a nessuna sorgente definita. Gli scienziati stanno cominciando a pensare che la fase del Big Bang equivalga a delle illimitate pulsazioni del cosmo dalla notte dei tempi. Vale a dire che la fase iniziale da dove si presume tutto ha avuto origine cioè, nella fase del Big Bang, in quello squilibrio di stato che ha portato alla collisione tra materia e antimateria che, annichilandosi in reazioni nucleari, neutralizzava la massa e trasformandosi in radiazione elettromagnetica, permettendo così alla materia in eccesso, rispetto all'antimateria, di creare i primi elementi nelle successive reazioni di fusione nucleare nel brodo di particelle primario. Si pensa che questo ciclo si sia ripetuto più volte nel corso dell'esistenza dell'universo, e non una volta soltanto come abbiamo precedentemente supposto.

LA STRUTTURA DELL'ATOMO

L'atomo, l'elemento primordiale forse più vecchio della Terra e dell'universo stesso, di cui ogni cosa è costituita. Ogni elemento chimico è costituito da un particolare atomo con delle caratteristiche specifiche. Il suo **nucleo** è composto da **protoni** con carica elettrica positiva, e **neutroni** con carica elettrica neutra, chiamati insieme, nucleoni, e rispondono alla legge di *Coulomb.*

La legge di Coulomb ci dice che due cariche puntiformi **q1** e **q2** elettricamente cariche poste nel vuoto, esercitano una forza **F** tra loro. Se le cariche sono uguali, si respingono se sono di carica opposta si attraggono, questa forza **F** è direttamente proporzionale alle due cariche e inversamente proporzionale al quadrato della loro distanza **r**. Dove k è una costante (chiamata costante di Coulomb).

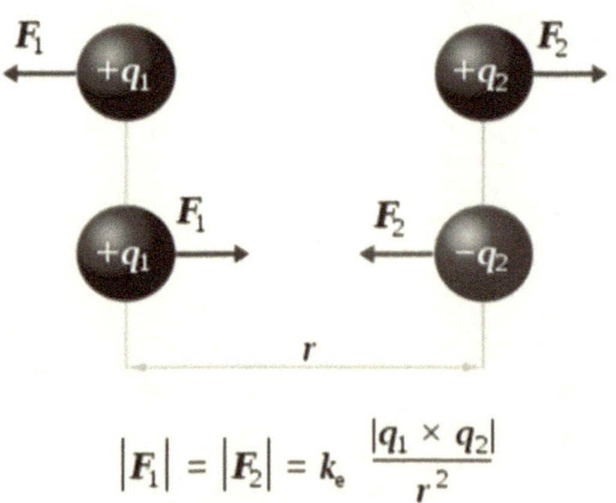

$$\left|F_1\right| = \left|F_2\right| = k_e\ \frac{|q_1 \times q_2|}{r^2}$$

Immagine presa da Wikipedia.

La forza di Coulomb è repulsiva nel caso le cariche abbiano segno uguale, attrattiva altrimenti.

Il nucleo è la parte più piccola dell'atomo ma contiene quasi tutta la sua massa atomica.

I nucleoni hanno una massa all'incirca 1835 volte maggiore degli elettroni.

Gli elettroni, sono particelle che avvolgono il nucleo, a nuvola con disposizione probabilistica.

Per risultare stabile il nucleo di carica positiva deve essere bilanciato dagli **elettroni** della struttura elettronica con carica negativa opposta di stessa intensità. Ogni protone deve avere un elettrone per rimanere stabile. E ogni protone deve avere *quasi* sempre un neutrone. Il **numero atomico** che per convenzione chiamiamo **"Z"**, corrisponde al numero di protoni che è equivalente a quello degli elettroni.

Il **numero di massa** atomico che per convenzione chiamiamo **"A"**, corrisponde alla somma dei protoni e dei neutroni.

I protoni all'interno del nucleo sono dotati di carica positiva e si respingono tra loro. La **forza nucleare forte** li tiene uniti, altrimenti sarebbero espulsi fuori dal nucleo (in base alla legge di Coulomb), ma invece rimangono vincolati al nucleo, perché la forza nucleare forte supera la forza elettrica repulsiva.

Se la componente forza (equilibrio di compensazione tra i protoni, neutroni e elettroni) non risulta stabile, l'elemento chimico tende a raggiungere lo stato di stabilità spontaneamente "trasmutando", l'operazione comporta la compromissione di massa o energia, che l'atomo perde emettendo una o più particelle radioattive, fino a che la struttura atomica non raggiunge una stabilità transitoria o definitiva. A volte anche cambiando le caratteristiche intrinseche dell'elemento.

Guardando la Tavola Periodica degli Elementi (o anche tavola di Mendeleev), notiamo che gli equilibri all'interno del nucleo cambiano, con il cambiare del numero di massa atomica, percorrendo in modo progressivo la tabella fino al numero atomico 20, il rapporto numero di protoni e numero di neutroni, rimane stabile. Dal numero atomico crescente del 20 elemento, il rapporto inizia a cambiare e il numero di neutroni risulta in leggero eccesso, superando il numero di protoni. Questo perché all'aumentare del numero dei protoni negli elementi, questi, cominciano ad aumentare la distanza dal nucleo e diminuire la relativa forza nucleare forte che li tiene uniti, e quindi anche la stabilita atomica. Questa forza diminuisce con il quadrato della distanza dal centro. Quindi diminuisce in modo esponenziale. Dal numero atomico superiore all' 82 non troviamo più isotopi stabili.

Il parametro di riferimento nel processo di decadimento è il tempo di dimezzamento (termine usato in fisica) dell'atomo, o anche emivita (termine usato in campo medico). Per il tempo di dimezzamento o emivita si intende il tempo necessario di un dato radionuclide, a decadere in un numero di nuclei uguale alla metà del totale. Questo tempo può variare da frazioni di secondo a milioni di anni.

Gli elettroni, che orbitano attorno ad un atomo dalla conformazione stabile, sono situati nelle orbite quantistiche più vicine al nucleo, dove l'energia di legame è più tenace. Quando ricevono energia gli elettroni si spostano su orbite quantistiche più esterne. Cosi l'atomo risulta eccitato. Se l'energia è ancora maggiore l'elettrone può uscire dall'atomo trasformandolo in uno ione positivo.

La struttura intelligente dell'atomo, per ripristinare il proprio squilibrio energetico, riporta gli elettroni su orbite più interne vicino al nucleo, emettendo fotoni o elettroni, sotto forma di radiazione, come stati di energia in eccesso al proprio equilibrio quantistico.

La configurazione elettronica di un atomo è molto importante perché ne determina le proprietà chimiche.

Le caratteristiche energetiche degli elettroni attorno ad un atomo sono determinati da quattro punti fondamentali, chiamati **i 4 numeri quantici:**

N: numero quantico principale, è legato alle dimensioni dell'orbitale. Maggiore sarà n, e più grande sarà la distanza media dell'elettrone dal nucleo, determina l'energia dell'elettrone nell'orbita.

L: numero quantico azimutale, il valore di L individua la forma dell'orbitale, dapprima sferica, all'aumentare di L la forma diventa sempre più allungata, come un'ellisse, rappresenta in modulo il momento angolare orbitale dell'elettrone.

M: **numero quantico magnetico**, il valore di m caratterizza l'orientamento dell'orbitale nello spazio, rispetto agli assi cartesiani.

S: numero quantico, che esprime la direzione di rotazione dell'elettrone sul suo asse (spin).

Gli elettroni ricoprono in modo probabilistico i vari orbitali assegnati nel rispetto del principio di esclusione di Pauli (per il **principio di esclusone di Pauli** su ogni orbita nucleare permessa non possono muoversi insieme più di un protone e di un neutrone. Per il **principio di esclusone di Pauli** non possono esistere nello stesso atomo due o più elettroni con gli stessi numeri quantici, ossia nello stesso stato energetico. Da ciò deriva che ogni orbitale può essere occupato al massimo da due elettroni con spin opposto).

Anche gli elettroni soffrono della stessa polarità all'interno della struttura elettronica e sarebbero espulsi dagli orbitali se non rispondessero alla *forza nucleare debole,* che li tiene confinati nei loro orbitali quantistici.

I nucleoni sono entrambi formati da **tre quark**, mentre l'elettrone da un leptone. Dall'interno dell'atomo vengono emesse anche altre particelle, **il fotone**, senza carica ne massa di riposo, che può essere emesso sia dall'interno del nucleo che dalla struttura

Il neutrino è una particella con massa di riposo prossima allo zero. Non ha carica, e risulta neutro. **L'antineutrino** controparte nell'antimateria, ugualmente non ha massa ne carica. Non sono considerati parte del nucleo, ma in particolari eventi vengono emessi dal nucleo subatomico. **Il positrone** corrisponde nell'antimateria alla particella opposta all'elettrone, ma con carica positiva.

Le caratteristiche energetiche dei nucleoni sono determinati anche essi da quattro punti fondamentali chiamati **i 4 numeri quantici:**

N: numero quantico principale, che determina l'energia del nucleone nell'orbita.

L: numero quantico azimutale che caratterizza la forma dell'orbita.

J: numero quantico che esprime la direzione di rotazione del nucleone sul suo asse (spin).

M: numero quantico magnetico in relazione con l'orientamento dell'orbita nello spazio.

Gli Isotopi:

Per isotopi, si intende atomi che appartengono allo stesso elemento chimico, citati nella tavola periodica degli elementi, quindi stesso numero di protoni, stessi numeri di elettroni, ma con numero di neutroni diversi. Espresso chimicamente ancora meglio, stesso numero atomico, ma differente numero di massa. Cito per esempio l'elemento più semplice e noto della tavola periodica, l'idrogeno. È presente in natura in tre forme, l'idrogeno normale (anche chiamato prozio), un protone zero neutroni, il deuterio, un protone e un neutrone, spontaneamente presente in natura, il trizio, un protone e due neutroni, prevalentemente è un prodotto di sintesi.

Riporto un breve cenno su **isomeri, isobari, isotoni**.

Isomeri, Hanno caratteristiche che appartengono allo stesso elemento, stesso numero atomico e numero di massa, quindi stessa composizione nucleare ma caratterizzati da un diverso stato di eccitazione del nucleo. Il tempo misurabile in cui alcuni elementi rimangono in uno stato di eccitazione per poi stabilizzarsi emettendo fotoni gamma dal nucleo, è chiamato *"stato metastabile"* per transizione isomerica.

Isobari, Sono elementi chimici che hanno lo stesso numero di massa (stesso peso) ma numero atomico diverso, in poche parole hanno un diverso numero di protoni.

Isotoni, Sono elementi che hanno atomi con diverso numero di massa e diverso peso atomico ma lo stesso numero di neutroni.

LE RADIAZIONI IONIZZANTI

Sono definite radiazioni ionizzanti quel tipo di radiazione che ha sufficiente energia per ionizzare la struttura degli atomi, producendo ioni positivi e negativi, quindi, sono anche in grado di cambiare la natura chimica dell'elemento. Si possono avere due tipi di contaminazione da radiazioni, per inalazione da esposizione interna o ingestione, e per irraggiamento da esposizione esterna.

Gli elementi che risultano instabili (sono portati a decadere emettendo radiazioni), catalogati sulla tavola periodica degli elementi, partono dal numero atomico 84, il Polonio. Gli elementi con numero atomico superiore all' 84 sono elementi instabili ionizzanti.

RADIO ELEMENTI: COME PROTEGGERSI

I principi su cui si basa la radioprotezione sono: **la giustificazione,** su cui si basa il beneficio di tale esposizione. **L'ottimizzazione**, mantenendo i livelli di esposizione più bassi possibile. **Limiti di assorbimento**, rispettando i livelli di esposizione minimi prescritti dalla legislatura.

Individui della popolazione 1mSv/anno
Lavoratori esposti 20 mSv/anno

Si possono manifestare danni immediati per esposizioni ai valori di dose uguali e superiori a 1Sv[3].Grazie ai meccanismi di riparazione cellulare, per bassissime esposizioni l'organismo riesce ad aggiustare alcune anomalie riportate, come risposta alla protezione del DNA. Per esposizione da Radon, la commissione Europea ha stabilito di mantenere i livelli massimi di esposizione nei vecchi fabbricati a 400 Bq/m3 e nelle nuove costruzioni a 200 Bq/m3.

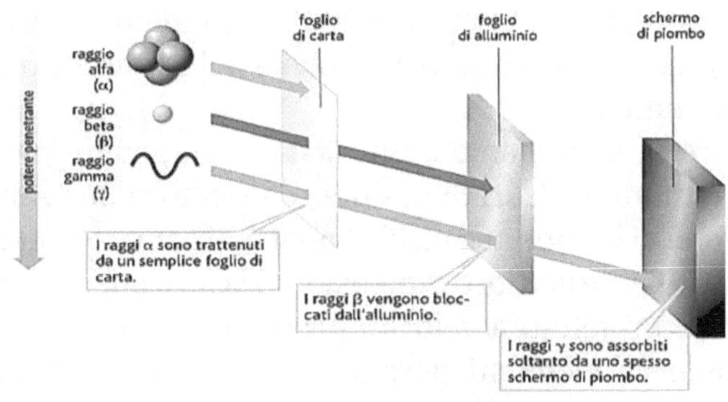

Gruppo Fermi

---

[3] Tratto in parte da Ispra.

La metodica:

1. Avere una giustificazione,
2. limitare al minimo il livello di esposizione nel tempo,
3. stare oltre la distanza limite consentita,
4. evitare contaminazione interna
5. determinare la giusta schermatura per la protezione.

Per ogni tipo di radiazione esiste un tipo di schermatura specifica, Ogni materiale caratteristico impiegato per la protezione da radiazioni ha determinate caratteristiche legate al materiale e allo spessore.

Nei raggi alfa, è sufficiente un foglio di carta o i semplici vestiti.

Per i raggi beta, più penetranti va bene uno strato di alluminio con spessore rapportato alla quantità di emissione, o anche specifici schermi plastici. Per i raggi beta sono efficaci 5 mm di alluminio.

Per i raggi gamma e X, molto penetranti occorrono materiali dal peso atomico molto elevato, come strati composti di piombo e calcestruzzo, sono efficaci 3 cm di piombo o calcestruzzo. Lo spessore è rapportato all'emivita del materiale o al tempo di dimezzamento.

Per i neutroni, estremamente devastanti, in genere provengono da reazioni nucleari di fissione, da reattore nucleare o da detonazione di bombe atomiche. I neutroni sono elementi pesanti (relativamente alla loro dimensione) la loro energia diventa elevata se proiettati a velocità prossime a quelle della luce. Per contenere elementi pesanti servono elementi dal peso atomico leggero come idrogeno, o acqua che riescono almeno in parte a fissarli.

Tipi di radiazioni

Le radiazioni ionizzanti non sono percepibili dai sensi umani, per misurarli servono strumenti di rilevamento. Nell'universo delle emissioni ci sono vari modi di misurare la radiazione, in base a quale evento vogliamo misurare, in fisica il tempo di decadimento si misura in Becquerel (Bq).

Viene definita **attività** di un radionuclide il numero di disintegrazioni che avvengono nell'unità di tempo, di una certa quantità in un dato radionuclide. Secondo il nuovo Sistema Internazionale di misura (**SI**) l'attività si misura in **Bequerel (Bq)** dove **1 Bq = 1 disintegrazione al secondo**. In passato veniva utilizzato il **Curie (Ci)** che equivale a 37 GBq e corrisponde al numero di disintegrazione al secondo che avvengono in un grammo di 226Radio. Si possono rilevare con contatori Geiger che misurano i Gray (Gy). Mentre in medicina o biologia si misurano in Sievert (Sv), per rappresentare la dose mediamente assorbita.

Le radiazioni da decadimento nucleare si presentano sotto quattro forme principali:

Raggi alfa: sono principalmente costituite da nuclei di elio, due protoni e due neutroni, sono dotati di carica positiva e hanno basso potere di penetrazione per irraggiamento esterno, ma sono dannose da esposizione per inalazione interna. I raggi alfa rientrano nelle radiazioni corpuscolari perché dotati di massa rilevante. Direttamente ionizzanti.

Raggi beta: sono costituiti da fasci di elettroni o positroni (il positrone corrisponde nell'antimateria alla particella omologa e opposta all'elettrone ma con carica positiva, stessa massa), con buon potere penetrante, rientrano nelle radiazioni corpuscolari. Sia nel caso dei raggi alfa e beta che sono reazioni corpuscolari, gli elementi cambiano il numero di nucleoni ed elettroni, modificano, trasmutando la natura stessa dell'elemento. Sono direttamente ionizzanti.

Raggi X e gamma: sono radiazioni emesse dal nucleo o dalla struttura elettronica, radiazione che ha come mediatore i fotoni, non sono dotate di massa e non hanno carica, ma sono estremamente pericolose, perché possiedono un grande potere di penetrazione e comportano un grande energia di ionizzazione. Sono emesse da reazioni nucleari. Indirettamente ionizzanti. Non corpuscolare.

Neutroni: i fasci neutronici sono prodotti da attività radioattive quali reattori nucleari, test o ordigni bellici. I neutroni sono difficili da intercettare, e si ha scarsa protezione da confinamento, estremamente invasivi data la massa rilevante. Radiazioni corpuscolari. indirettamente ionizzanti.

Protoni: anch'essi derivano da reazioni nucleari, o da raggi cosmici. Sono dotati di massa rilevante e carica elettrica positiva. Vengono studiati per le reazioni nucleari del futuro, perché rilasciano poche radiazioni (sembra che non si sia riusciti ad osservare un protone che decade in sottoprodotti emettendo radiazioni), in più essendo dotati di carica positiva possono essere intercettati da vari apparati. Radiazioni corpuscolari. Direttamente ionizzanti.

Il protone attualmente non si è mai osservato decadere, perché è probabilmente grazie alle forze QCD legate alla Cromodinamica quantistica, se decadesse in tempi umani, probabilmente noi e l'Universo non potremmo esistere.

Tipi di reazioni nucleari

Ci sono diversi tipi di reazioni a rilascio di energia, poniamo a confronto per esempio le reazioni chimiche e quelle nucleari. Nelle reazioni chimiche, prevalentemente rimane coinvolta la struttura elettronica degli orbitali, gli elementi della reazione principalmente rimangono con le stesse caratteristiche chimiche, perché il nucleo non viene interessato, ma ne rimangono condivisi gli **elettroni di valenza** (sono gli elettroni che occupano il substrato più esterno dell'atomo, sono quelli utilizzati per legare elettroni con altri atomi creando composti chimici) quindi principalmente rimane anche la stessa massa. Il rilascio di energie avviene con parametri misurabili nell'ordine dell'eV. Nelle reazioni nucleari la composizione degli elementi prima e dopo la reazione non è più la stessa, cambia la massa risultante (**difetto di massa**) in base ai dati dei tempi di dimezzamento, e al tipo di decadimento, trasforma l'atomo e l'elemento che rappresenta, con rilascio di alte quantità di energia, misurabili in MeV, pari a un milione di volt.

Esistono prevalentemente tre forme di energia nucleare.

1) La fissione
2) La fusione
3) L'annichilazione

I due tipi di reazione spontanee o indotte principalmente nella natura terrestre sono le prime due.

Nel processo di **fissione nucleare** le reazioni avvengono a livello subatomico. Facendo collidere un neutrone ad alta energia con radioelementi come l'uranio, o il plutonio, in presenza di un'equivalente **"massa critica"**, si produce così a queste condizioni una reazione di rottura di nuclei con liberazione di altrettanti neutroni che producono la cosiddetta reazione a catena, con liberazione di energia e trasformazione della massa (difetto di massa) tramite poi la famosa formula coniata da Albert Einstein $E=mc^2$. Questa energia può essere utilizzata sia per scopi pacifici come alimentare centrali nucleari, effettuare studi sui collider o anche realizzare motori atomici nel campo militare come sommergibili, o portaerei alimentati a energia nucleare che possono rimanere isolati per molto tempo per missioni di guerra o top secret, o nel caso peggiore detonazione di ordigni atomici a fissione.

Il primo impianto a energia nucleare a fissione fu costruito dal nostro stimato Fisico **Enrico Fermi,** in America, precisamente il 2 dicembre 1942, a Chicago, dove tale processo avviava la prima pila atomica della storia.

Nel caso delle reazioni per **fusione nucleari** invece, avviene esattamente l'opposto, cioè due nuclei di idrogeno si fondono per formarne uno più pesante di elio. È il principio di funzionamento e auto alimentazione delle stelle e quindi anche del nostro Sole. Due nuclei di idrogeno, cioè due protoni si fondono insieme creando un nuovo elemento l'elio, con rilascio di enormi quantità di energia.

Ottenere questo tipo di situazione per il momento non è sostenibile sulla terra, data l'enorme temperatura esistente nelle stelle che vivono nel 4 stadio della materia, il plasma. In queste condizioni i nuclei molto vicini e avvolti in questo plasma ad alta temperatura riescono a fondersi perché il livello di temperatura è circa 16 milioni di gradi, l'energia del plasma a queste temperature vince le forze fondamentali forti e deboli dei nuclei, che si fondono in un diverso elemento, l'elio con rilascio di grande energia. Queste condizioni sono di notevole difficoltà da supportare sulla terra.

Nella bomba all'idrogeno, appunto chiamata bomba "H" (bomba a fusione), per attivare l'innesco si fa brillare una piccola carica nucleare a fissione, dove la carica predispone le temperature e le pressioni necessarie a innescare la reazione di fusione della vera bomba all'idrogeno. Chiaramente, per future centrali a fusione, questa soluzione di innesco non è proponibile, per questioni di sicurezza e confinamento di radioattività emessa.

Per quanto riguarda gli armamenti nucleari e prestazioni militari, sono state fatte detonare le due testate a fissione nucleare sui due obbiettivi, Hiroshima e Nagasaki, che hanno segnato la fine della guerra con la resa del Giappone.

La prima **bomba atomica**, che aveva come nome in codice *"Little Boy"*, venne lanciata sulla città di Hiroshima il 6 agosto del 1945, mentre la seconda, chiamata *"Fat Man"*, fu lanciata tre giorni dopo su Nagasaki. Tale reazione è un fenomeno fisico, per cui il nucleo atomico di certi elementi con massa atomica superiore a 230 si può dividere in due o più nuclei di elementi più leggeri, quando il nucleo viene colpito da un neutrone libero. È bene ricordare che la reazione a catena avviene solo se i nuclei fissili sono numerosi e molto vicini fra loro. I metalli utilizzati per innescare il fenomeno sono l'**uranio 235** e il **plutonio 239**.

GLI INVENTORI DELLA BOMBA ATOMICA

L'invenzione della bomba atomica non più essere attribuita ad un solo studioso. Negli anni Trenta un **gruppo di scienziati europei** si rifugiò negli Stati Uniti d'America, e lì si cominciò a studiare il principio della fissione nucleare basandosi sulla teoria della relatività di **Albert Einstein**. Si trattava di *Enrico Fermi, Leo Szilard, Edward Teller ed Eugene Wigner*. Fu il Presidente *Roosevelt* che, nel 1941, avviò il "**Progetto Manhattan**" con l'obiettivo di creare una bomba atomica da utilizzare come arma nella Seconda Guerra Mondiale. Per questo motivo venne costruito ad Oak Ridge, nel Tennessee, un centro di ricerca diretto da **Robert Oppenheimer** in cui furono inseriti molti scienziati tedeschi sfuggiti al nazismo. Grazie ai loro studi, quattro anni dopo, fu costruita la prima bomba atomica: il test dell'esplosione fu eseguito ad Alamogordo, un poligono che si trovava nel deserto del New Mexico.

Successivamente alla fine della guerra, è stato effettuato un test nucleare facendo detonare una testata con ordigno a fusione (bomba H), sviluppando energie superiori a quelle ottenute con testate a fissione. Al momento impianti con energia a fusione non sono proponibili per la difficoltà di gestione delle temperature di milioni di gradi (che riproducono le condizioni come all'interno delle stelle), per ora siamo riusciti solo sperimentalmente confinando in sospensione il plasma e contenendolo dentro campi magnetici. Da qui nasce la necessità di creare un nuovo tipo di fusione poi chiamata **fusione fredda**, cioè un tipo di fusione che necessita di relativamente basse temperature di esercizio. Questo tipo di fusione venne sperimentata utilizzando una cella elettrolitica come reattore, costituita da un elettrodo al Palladio, schermato da un bagno di acqua pesante. Il notevole prezzo del Palladio dovette far sì che apportassero delle modifiche al sistema sostituendo il Palladio con Tungsteno e l'acqua pesante con gas, Deuterio o Elio. La situazione migliorò sensibilmente ma al momento data la scarsa riproducibilità del fenomeno e il basso rendimento tra energia impiegata e energia ricavata si sono bloccati per il momento gli avanzamenti di realizzazione per tale tecnologia.

La reazione di **annichilazione,** questo tipo di reazione nucleare, tra le particelle di materia e le corrispettive particelle di antimateria, chiamata appunto annichilazione, dissolve e neutralizza completamente la massa con la trasformazione totale in energia elettromagnetica. Questo tipo di reazione nucleare non è prodotta e utilizzata sulla terra. Per produrre antimateria serve molto impegno e forti investimenti economici e poi vedersela sparire in un *"flash"* senza ottenere un gran che, non comporta grandi vantaggi al momento, in più non avendo avuto applicazioni in campo militare non ci sono stati sviluppi per il suo utilizzo neanche in campo civile.

ACQUA PESANTE

L'acqua pesante rispetto all'acqua normale, possiede un neutrone in più, dovuto al deuterio in sostituzione dell'idrogeno, per questo risulta più pesante. Viene indicata in questo modo, D_2O o ^2H_2O, come ossido di deuterio o come ossido di deuterio e prozio HDO o $^1H^2HO$. Viene utilizzata nei processi di reazione nucleare. Il suo scopo è quello di moderare la velocità dei neutroni facendogli mantenere la stessa carica termica presente nel reattore. L'acqua pesante non risulta radioattiva e in proporzione rimane dell'11% più densa dell'acqua normale. Serve per non far disperdere l'energia dei neutroni staccati dal nucleo subatomico e farli rimbalzare verso altri neutroni *"bersaglio"* ai fini di un miglior rendimento nella reazione nucleare, che sia di fissione o di fusione. Si dice che la Germania di Hitler non sia riuscita a completare la bomba atomica prima degli Alleati per difficoltà produttive di acqua pesante. Per estrarla servono alte torri di distillazione. Da allora l'acqua pesante D_2O è rimasta una componente principale per reattori nucleari, nei sistemi di produzione di uranio 235 e di plutonio 239 ecc. ecc. Con l'acqua pesante cosi, aumenta la possibilità che un neutrone sia deviato e catturato da un nucleo determinandone la fissione del nucleo *bersaglio*.

Data la differenza di peso specifico, rispetto all'acqua normale, l'acqua pesante in natura si deposita stratificandosi nei fondali oceanici. Viene anche utilizzata per individuare neutrini e bosoni (bosone di Higgs) dai raggi cosmici, in genere viene stipata e contenuta sotto le montagne o vecchie miniere, perché i neutrini riescono a passare lo stesso, e la struttura composta da terra e roccia sovra-stante, funge da filtro ad altre particelle non gradite. L'acqua *pesante* risulta mortale per ingestione prolungata.

LE QUATTRO FORZE FONDAMENTALI DELLA NATURA

1) forza nucleare forte
2) forza nucleare debole
3) forza elettromagnetica
4) forza di gravità

La forza nucleare forte, tiene uniti i nucleoni (protoni e neutroni) e non solo è responsabile della loro presenza, ma tiene attaccati anche i tre quark che costituiscono i nucleoni, permettendogli cosi di coesistere insieme, formando un protone, o un neutrone a seconda della *"carica di sapore"* che contraddistingue se carichi elettricamente o neutri. È la forza più forte di tutte. Non sembra possibile ad energie accessibili separare i quark. Si manifesta nei fenomeni nucleari in cui intervengono gli androni ed è responsabile della produzione di nuove particelle nelle collisioni ad alta energia. Attualmente lo studio di questa forza non risulta del tutto chiara. Interazione di corto raggio.

La forza nucleare debole, viene emessa dal nucleo subatomico durante gli eventi di trasmutazione, rappresenta la componente radioattiva del nucleo. In genere avviene quando decade un neutrone in un protone, un elettrone, e un antineutrino elettronico, associato al decadimento beta negativo, o un neutrone in un positrone, più un neutrino elettronico, come decadimento beta positivo. È responsabile del decadimento dei nuclei atomici radioattivi instabili e del decadimento di alcuni androni. Interazione di corto raggio.

La forza gravitazionale, è la forza che esercita l'attrazione nei corpi, tra le quattro forze è la più debole, ma è quella che fa coesistere il nostro universo. Sulla Terra la chiamiamo *forza di gravita*, ed attrae i corpi verso il centro della terra, in poche parole sulla Terra si manifesta solo in forma verticale. Le masse verso il basso, i gas che ne sfuggono all'attrazione gravitazionale verso l'alto, ma sempre in verticale. Fuori, nello spazio, si chiama *forza gravitazionale o forza di gravitazione universale* (coniata da Newton*)*, è responsabile dell'attrazione dei pianeti, e si esprime in forma ellittica, attira le masse verso sé dapprima nell'orbita gravitazionale compattando materiale e intrappolando i corpi che ne rimangono satelliti, come la Terra e il nostro satellite la Luna, o il sole e il nostro sistema solare, fino in certi casi ad assorbire i corpi completamente. Interazione a lungo raggio. Agisce su tutti i corpi e particelle dotate di massa. Il moto dei pianeti, la formazione di stelle e galassie, l'intera struttura dell'universo si basa su forze gravitazionali. Ha raggio di interazione quasi infinito. Le forze gravitazionali diminuiscono all'aumentare della distanza.

La forza elettromagnetica, è la forza (che produce la luce) generata da cariche elettriche, positive e negative. I corpi che interagiscono tra di loro, se hanno carica uguale si respingono e se hanno cariche opposte si attraggono. Non subentra la massa come nella gravità, ma la interazione tra la carica elettrica e il campo magnetico. Regola tutte le interazioni tra le particelle e i corpi dotati di carica elettrica è responsabile delle forze che si esercitano tra il nucleo e gli elettroni di un atomo.

Interazione di raggio quasi infinito. Le forze elettromagnetiche, diminuiscono con l'aumentare della distanza.

Attualmente lo scopo dei fisici è quello di riunire queste quattro forze fondamentali. Si pensa che, malgrado si esprimano in modo diverso, nascondano una correlazione che potrebbero essere fonte di un'unica sola *"fonte"* primordiale, che permea la natura di tutte e quattro le forze. Nonostante gli sforzi effettuati nella ricerca la soluzione alla teoria chiamata G.U.T. o anche Teoria della Grande Unificazione, non è vicina. Questo è dovuto al fatto che la gravità non appartiene come natura del fenomeno alle altre tre forze, almeno fino a che gli studi sul gravitone non ci suggeriscano altro, ma attualmente si pensa di escludere il gravitone come mediatore particellare, e invece più propensi alla versione d'onda, ed in più **la teoria della relatività** e la **meccanica quantistica**, gestiscono problemi diversi. L**a teoria della relatività** tratta oggetti celesti, distanze enormi e le velocità massime (macrocosmo). mentre **la meccanica quantistica** tratta atomi ed elettroni (il microcosmo), queste due scienze, al momento risultano inconciliabili.

La teoria quantistica prevede che ciascuna interazione sia associata alla mediazione di particelle quantistiche chiamati **bosoni.** Forse una nuova **teoria del tutto** comprenderà tutte le cose, oggetto di discorso supposto nel mio precedente libro: ***Interazioni e Teorema Cosmico***, riproposto in ***Polvere di stelle***.

PARTICELLE ELEMENTARI

"Se il lettore è ancora presente, e mi sta seguendo anche a questo capitolo, credo che ora mi odierà".

Nella seconda metà del Novecento, con la costruzione dei primi acceleratori di particelle, si ampliò la visione e la conoscenza di altre particelle definite elementari. Negli anni settanta nasce il modello quark ad androni, sono composti da particelle elementari chiamate **quark.** Il modello dei quark prevede l'esistenza di 6 quark con i relativi antiquark. L'interazione nucleare forte impedisce ai quark di allontanarsi l'uno dall'altro, il fenomeno è noto con il nome di *confinamento,* implica che i quark siano perennemente intrappolati all'interno degli androni (tramite una specifica massa di confinamento), cosicché risulta impossibile osservare un quark libero o isolato.

Queste particelle vengono classificate in famiglie e sottofamiglie.

Gli **androni** sono relativamente pesanti e risentono dell'interazione nucleare forte; si dividono a loro volta in due sotto famiglie: **barioni** (protoni e neutroni,) e **mesoni** (un quark e un antiquark, con una massa intermedia fra l'elettrone e il protone).

I fermioni, particelle con spin semi-intero, si dividono in **6 quark,** che risentono dell'interazione nucleare forte, e **6 leptoni**, che non sono soggetti alle interazioni nucleari forti.

Il principio su cui esistiamo noi e il nostro universo è la stabilità di equilibrio creata da particelle con spin semi-intero, fermioni (quark, leptoni), e particelle con spin intero bosoni.

L'equilibrio di stabilità tra fermioni e bosoni viene chiamata **"Legge di Simmetria"**.

Bosoni, particelle con spin intero che, agiscono come collante, sono dotate di movimento rotatorio.

Spin, è una quantità di straordinaria importanza nella struttura della materia, la quantità di moto a trottola (cui si dà il nome di spin, che in inglese significa rotazione). Lo spin di un elettrone ha il valore minimo che possa esistere. Nell'unità di Planck esso vale $1/2$. Ecco perché si dice che l'elettrone ha spin semi-intero. Lo spin di un fotone è il doppio di quello dell'elettrone. Ecco perché si dice che il fotone ha spin-intero 1. Questa struttura viene definita **"Legge di Simmetria"** tra fermioni e bosoni, a cui si dà il nome di **"Supersimmetria"**. Noi siamo fatti di protoni neutroni ed elettroni, che hanno spin semi-intero.

Per tenere insieme tre quark è necessaria tanta energia, è questa che produce quasi tutta la nostra massa. Questa massa corrisponde all'energia necessaria per evitare che i quark escano dal loro universo nel quale sono "confinati". Quello che noi attualmente conosciamo è il mondo fatto di barioni e mesoni, i barioni sono fatti con tre quark, come i nucleoni (neutroni e protoni), mentre i mesoni sono composti da una coppia di quark-antiquark. Un insieme di mesoni, forma le miscele mesoniche (colle).

L'elettrone è un esempio di leptone dotato di carica elettrica, esiste il fratello gemello dell'elettrone che invece è privo di carica elettrica il neutrino.

Le colle mesoniche prevedono due classi di miscele mesoniche,

1) **Pseudo scalare**, cioè senza moto a trottola,

2) **Vettoriale,** con moto a trottola come quello della luce.

Nelle definizioni della fisica delle particelle (antimateria), si trova spesso la dicitura **spin "su"**, e **spin "giù"**, cosa significa?

Immaginiamo una particella dotata di movimento intrinseco, **spin,** quindi una particella che gira su se stessa nel proprio asse immaginario. Sostituiamo l'idea della particella con l'idea di una ballerina che ruota su se stessa, stesso asse immaginario, ecco la ballerina che ruota su se stessa, secondo le leggi convenzionali, con la testa in alto e i piedi in basso, essa rappresenta lo spin "su", se poniamo la ballerina che ruota su se stessa con la testa in basso e i piedi in alto, cioè al contrario, rappresenta la particella opposta con spin "giù"[4].

[4] Antonino Zichichi, *Galilei divin uomo.*

I QUARK

Abbiamo 6 tipi di quark chiamati anche **"Sapori"**, divisi in tre generazioni **la prima famiglia** comprende i *quark up*(**u**) *e down*(**d**), lo schema (**uud**) forma un protone, mentre combinati secondo lo schema (**udd**) formano il neutrone, sono i più leggeri e stabili delle tre famiglie. **La seconda famiglia**, *charm e strange*, e la terza famiglia, *top e botton*. Sono di massa crescente all'aumentare della famiglia ed instabili, quelli di **seconda e terza famiglia**, hanno emivita bassissima e decadono tramite interazione di forza debole (o anche chiamata *forza di Fermi*), in quark di prima generazione più stabili. Tutti i quark sono dotati di carica di sapore. Questa carica li rende soggetti alla interazione nucleare forte, mediata dai *gluoni* (bosoni), dotati di carica di "**colore**". I quark di prima generazione (*up e down*), insieme ai leptoni (*elettroni*) sono considerati i mattoni fondamentali del creato.

Riassumendo, abbiamo detto che le particelle elementari, i fermioni che comprendono i sei quark e i sei leptoni, si dividono in **tre generazioni** la prima generazione formata da quark *up e down,* composta di elettroni e neutrini, è la generazione, con conformazione più leggera e stabile della materia. Le successive, seconda e terza generazione, causa la massa crescente e bassa emivita, decadono tutte nella prima generazione di particelle, più leggere e stabili.

Le tre generazioni di fermioni

I quark sono dotati di carica di sapore, quindi rispondono alla forza nucleare forte. I gluoni, della famiglia dei bosoni sono collanti, hanno carica di colore, ma la loro unione fa sì che la loro carica di colore totale sia neutra. Per la loro particolare natura non è possibile osservare quark e gluoni liberi individualmente, perché la loro carica totale non è nulla.

La cromodinamica quantistica, abbreviata la **CDQ**, è la scienza che studia la forza nucleare forte. È una teoria quantistica che descrive le interazioni di campo tra gli effetti di confinamento dei quark, tramite le risposte comportamentali di protoni e neutroni nelle collisioni. Nelle forze di interazione, le forze QDC tra quark e gluoni dovuta alle cariche di colore non diminuiscono con la distanza, ma al contrario aumentano. La QCD aumenta la potenza attrattiva all'aumentare della distanza, e agisce come *un elastico*. La QCD, solo nelle reazioni ad altissima energia e temperatura, la forza di confinamento diminuisce. Invece quando tra i quark la distanza aumenta, anche la forza di interazione aumenta.

IL MODELLO STANDARD DELLE PARTICELLE ELEMENTARI

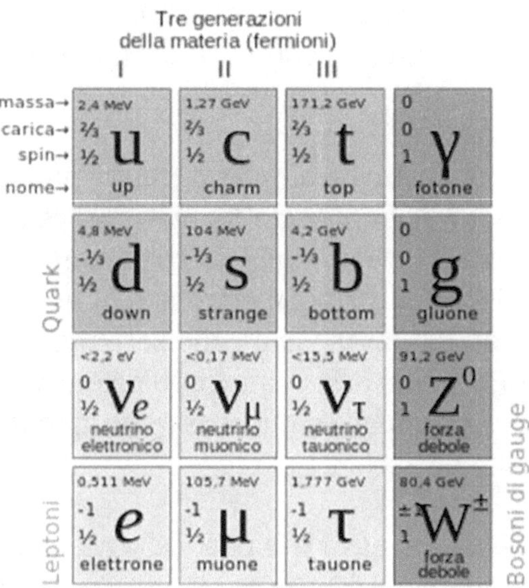

La suddivisione delle particelle nel Modello Standard. I sei tipi (o sapori) di quark sono colorati in violetto. Schema delle particelle elementari, con le tre generazioni di fermioni, i bosoni di "gauge" la colonna a destra aventi spin intero. E il non raffigurato in alto a destra, ma previsto bosone di Higgs.

Nel modello standard in alto possiamo vedere che la teoria prevede solo tre delle quattro forze fondamentali previste quali, interazione forte, interazione debole, interazione elettromagnetica, non è prevista al momento nel modello standard l'interazione gravitazionale, mediata dal gravitone.

Quindi non rappresenta il modello standard delle interazioni fondamentali, unificata in modo completo attualmente.

Tutta la materia elementare fondamentalmente si divide in due gruppi, la prima di origine fermionica nel riquadro in alto rappresenta le prime tre generazioni (in verticale) che comprendono i sei quark e i sei leptoni. I sei quark, ed i leptoni hanno carica di sapore e spin semi-intero, più le loro antiparticelle chiamate antiquark; come i quark, anche gli antiquark sono sei.

I leptoni, hanno spin semi-intero, non rispondono alla forza nucleare forte. I nucleoni sono formati da tre generazioni di quark, e i leptoni da tre famiglie, elettrone, muone e tauone, e un corrispondente neutrino, elettronico, muonico o tauonico. Sono considerati di massa vicino allo zero ma diverso da zero, in quanto sono state osservate oscillazioni di neutrini che fanno pensare che anche se quasi assente la massa, risulta comunque diversa da zero.

I bosoni, risultano essere le particelle mediatrici delle interazioni fondamentali: il fotone per l'interazione elettromagnetica, i due bosoni (carico) W e (neutro) Z, per l'interazione debole, e i gluoni per l'interazione forte.

Gli studi sui gravitoni possibili bosoni, che si pensa siano responsabili delle mediazioni nell'interazione gravitazionale, al momento non rientrano nel modello standard attuale.

I gluoni della famiglia dei bosoni, godono della carica di colore, quindi sensibili alla interazione nucleare forte.

I fotoni invece, non rispondono alla forza nucleare forte, hanno carica elettrica nulla.

Il fisico Higgs ipotizzò che il bosone da lui cercato avesse massa immaginaria, materia infinitesimale senza movimento di rotazione ospin; tutte le particelle hanno questo movimento intrinseco, da qui la particolarità del bosone di Higgs, la prima particella elementare senza rotazione, ma ferma. Il 4 luglio 2012 è stata resa pubblica la notizia che a seguito di esperimenti è stato scoperto un bosone che corrisponde alle caratteristiche compatibili del bosone previste da Higgs. Poi confermata l'anno successivo dalla comunità scientifica.

Come abbiano accennato i quark di seconda e terza generazione decadono in quelli di prima generazione perché più stabili. Questo processo avviene quando un quark di un determinato sapore decade in un quark di prima generazione (up e down). Questo processo avviene attraverso l'interazione nucleare debole. Assorbendo o emettendo un bosone W, ogni quark up (up, charm, e top,) può trasformarsi in quark down (down, strange e botton) e viceversa. Questo fenomeno di trasformazione del sapore provoca un processo radioattivo di decadimento beta.

Nel processo radioattivo di decadimento beta nel quale un neutrone (n) si suddivide in un protone (p), un elettrone (e^-) e un antineutrino elettronico. Questo avviene quando uno dei quark di tipo down del neutrone (udd) decade in un quark di tipo up emettendo un bosone virtuale W che trasforma il neutrone in un protone (uud). Il bosone W, decade in un elettrone e un antineutrino elettronico. Gli stati di sapore neutro dei quark sono detti adroni.

$$n \to p + e- +$$
(decadimento beta, notazione adronica)
$$udd \to uud + e- +$$
(decadimento beta, notazione a quark)

Sia il decadimento beta, che il processo di decadimento inverso, sono usati normalmente in esperimenti alle alte energie come la rilevazione dei neutrini e in applicazioni mediche come la tomografia ad emissione di positroni. (PET)[5]

A seguito di ulteriori scoperte si ritenne che le particelle elementari forse non sono gli ultimi costituenti elementari della materia.

I diversi ordini di grandezza della materia
(secondo la Teoria delle stringhe):

1. Materia
2. Struttura molecolare (atomi)
3. Atomo (neutrone, protone, elettrone)
4. Elettrone
5. Quark
6. Stringhe

Attualmente si ritiene che i sei quark, i sei leptoni e i bosoni legati alle tre delle quattro interazioni fondamentali precedentemente citate, siano i costituenti elementari di tutto l'universo. Forse i quark e i leptoni non sono neanche loro fondamentali o elementari, secondo la teoria delle stringhe, insomma niente agio sugli allori, la ricerca continua....

---

[5] Tratto da Wikipedia.

LA TEORIA DELLE STRINGHE

La teoria delle stringhe (dall'inglese teoria delle corde) è quella teoria che dovrebbe sanare le incongruenze che ci sono tra la meccanica quantistica e la relatività generale, ai fini di unificare in modo completo la teoria del tutto o della grande unificazione. Questa teoria si basa sul fatto che l'interazione della materia, l'emissione di radiazioni, la forza, e il tempo e lo spazio, siano tutte manifestazioni correlate a una sola stessa fonte fondamentale, in base alle loro "dimensioni" prendono il nome di stringhe o anche p-brane. Nella dimensione delle stringhe, la materia appare in forma diversa, dalla visione puntiforme della particella elementare della meccanica classica, cui siamo abituati per convenzione. Le stringhe possono avere più dimensioni, la teoria delle stringhe bosoni che è a 26 dimensioni, mentre la teoria delle super stringhe a 10 dimensioni. Si prevede che queste teorie per ora solo matematiche possano descrivere il fenomeno atteso del gravitone, completando la visione della gravità quantistica, unificando così il modello standard delle particelle definitivamente.

La teoria delle stringhe si concilia bene con il modello di gauge (dall'inglese scala di misura o anche calibro, inteso al super piccolo) super simmetrico, e con la cromodinamica quantistica, nel mondo della scala dei quark. Come abbiamo detto la teoria delle stringhe prevede vari tipi di stringhe, ognuna diversa, in base all'entità della propria massa produce una "vibrazione", vediamola cosi, ogni vibrazione delle stringhe produce una nota musicale, e il pentagramma della frequenza rappresenta lo spettro energetico appartenente alla teoria. Quindi abbiamo detto che ci sono vari tipi di stringhe, quelle aperte con terminazioni divergenti, e ad anello chiuse con terminazioni convergenti, sembra che quella della teoria ad anello chiuso riscuota più interesse.

Lo studio della teoria bosonica, anche se al momento risulta la strada più ovvia, comporta comunque dei problemi. Come suggerisce il termine la teoria bosonica (fotoni, gluoni, bosoni W e Z) si riferisce alle particelle con spin intero. Ma per comprendere la supersimmetria bisogna includere anche la relazione matematica con i fermioni. La teoria (quella considerata perfetta) prevede che per ogni fermione, ci sia un bosone simmetrico equivalente, di stessa massa. Questa relazione è chiamata **supersimmetria**, ma tali particelle al momento sono solo previste nei calcoli matematici. Si presuppone che queste particelle siano state presenti solo nei primi istanti del Big Bang, e poi siano decadute in particelle dallo stato quantico più basso e stabile.

Attualmente la teoria bosonica delle stringhe sotto osservazione, non prevede i fermioni (materia), perché considera solo le forze (bosoni), sia per stringhe aperte, che chiuse. Per ora il discorso rimane solo per il modello complesso di origine matematica. Le stringhe non sono statiche ma sono soggette a tensione e vibrazione, il loro equilibrio consiste nel trovare stabilità aumentando o riducendo la loro dimensione, avvolgendosi e con l'effetto di indeterminazione riducendosi, tendono cosi a stabilizzarsi. La dimensione dello stato di appartenenza dipende da questo equilibrio di forze.

Le varie teorie delle stringhe sono rapportate a dei collegamenti nelle trasformazioni chiamate successivamente dualità. Da cui si può passare da una teoria all'altra (dalle dimensioni ultra lontane del macrocosmo, riguardante la distanza tra i pianeti e la velocità della luce dell'universo al microcosmo, la dimensione infinitesimale subatomica, gli stati quantici degli atomi e viceversa). Il comportamento delle stringhe è leggermente scostato dalla logica nelle particelle elementari conosciute. La particella elementare è sottoposta ad un **momento angolare e carica** (principio di indeterminazione di Heisenberg), mentre la stringa ha un comportamento diverso, invece di girare sul suo centro, ci si avvolge una o più volte in base al **numero di avvolgimento.** La possibilità offerta dalla teoria di passare da una scala all'altra (dal momento angolare, a numero di avvolgimenti e viceversa) è interessante, questo specifico passaggio da scale macroscopiche a microscopiche, e viceversa è chiama T-dualità. Quindi sostituendo il momento con il numero di avvolgimenti, si passa da una dimensione ad un'altra, cambiando scala di appartenenza. Il fattore di riferimento a questa equivalenza è il **dilatone** (rappresenta la modalità di oscillazione e vibrazione della stringa), sostituendo la "scala di dimensione" del dilatone, si passa da una teoria all'altra, questo tipo di simmetria viene chiamata S-dualità, da una teoria con alto valore di dilatone, ad un'altra, sostituendo il valore con uno minore si passa da una costante di accoppiamento elevata a una più piccola. Quindi da una teoria possiamo passare ad un'altra, da un fattore alto di costante di accoppiamento a un fattore più basso, cambiando la scala (almeno teoricamente). Al momento, dopo circa 30 anni di ricerche e studi la teoria delle stringhe risulta ancora non verificabile. Un altro metodo indiretto per verificare la teoria è tramite lo studio dei gravitoni, bosoni ipotetici che intervengono come mediatori nella gravitazione. Attualmente non possiamo osservare le stringhe perché gli strumenti di rilevamento non possono osservare nelle dimensioni di Plank, circa 10^{-35} metri, al di fuori delle nostre possibilità attuali. Vediamo se il nuovo modello di acceleratore LHC

(Large Hadron Collider, che si trova al CERN), saprà rispondere a questo quesito.

Per ora è l'unico modello di collider che dispone ...forse... di energia sufficiente, vedremo se potrà darci delle risposte convincenti, per elevare la teoria da sperimentale, ufficiosa, a teoria scientifica, universale, o abbandonarla del tutto. Per il momento "*le teorie delle stringhe*" risultano troppo diluite per trovare una risposta convincente e univoca a più problemi, la possibile "nuova teoria del tutto" dovrà anche prevedere una risposta alla "*costante cosmologica*" prevista da Albert Einstein.

INVECE DELLE CATENE DI DECADIMENTO RADIOATTIVO: LE ENERGIE RINNOVABILI

Sin dall'antichità l'uomo ha cercato di sfruttare le radiazioni emesse dalla nostra stella il Sole, traendone vantaggio. A Siracusa la leggenda racconta che Archimede, una delle menti più brillanti a noi conosciuto dei tempi che furono, usò a difesa della sua città Siracusa questo principio, contro le navi nemiche romane. Si dice che riuscì in questa impresa usando gli scudi dei soldati (il metodo successivamente fu chiamato degli specchi ustori) nel verso contrario alla loro destinazione di uso, creando così tante parabole appositamente levigate e lucenti (di rame o bronzo) che convergevano contemporaneamente all'unisono, in una porzione di spazio concentrato verso un passaggio obbligato delle navi romane nemiche incendiandole.

Tornando ai giorni nostri... Le nostre tecnologie attuali per produrre energia elettrica sono considerate abbondantemente superate. I combustibili fossili inquinano troppo, producendo danni irreparabili al nostro sistema, per nostra fortuna l'Italia non accettando la produzione e realizzazione di energia dal settore nucleare ha fatto una mossa davvero saggia. Il Nucleare almeno per quanto riguarda il metodo a "fissione" è considerato abbondantemente superato, per la sua estrema pericolosità, sia dovuta ad eventi incidentali non previsti o umani. A Cernobyl la catastrofe per ironia della sorte è avvenuta durante i test di verifica degli impianti di messa in sicurezza. Dovevano verificare, simulando un guasto all'impianto, se in caso di emergenza e simultaneo blocco del reattore i sistemi di raffreddamento sarebbero rimasti in funzione. Per errore di ritardo dovuto alla velocità di inserzione delle barre stabilizzatrici il reattore raggiunse e superò di molto le temperature di progettazione ed uso, trasformandosi in una pentola a pressione. Il sistema collassò facendo esplodere il tappo del reattore, la nostra enorme pentola a pressione, ora priva di confinamento, riversò in alta atmosfera particelle estremamente radioattive, dovute sia al processo di fissione nucleare voluto, che al processo di fusione dei sottoprodotti del nocciolo (ceneri di scarto prodotte e rifiuti radioattivi) e del decadimento radioattivo dovuto alla fase di "transizione nucleare". Da non dimenticare anche l'aspetto della pericolosità e ingombro per la manipolazione, il trasporto e lo stoccaggio, in siti che nessuno vorrebbe avere nel proprio comprensorio, aggiungo italiano. Certo che al momento le nostre migliori menti stiano lavorando su nuove frontiere, cercando nuove tecnologie per il futuro del nostro pianeta e per i suoi residenti. Noi invece, oltre ad essere quello che siamo, siamo anche quello che siamo stati. Quindi, mentre qualcuno pensa al nostro futuro, noi tutti dovremmo pensare al nostro presente. Continuando ad utilizzare la tecnologia degli specchi ustori di Archimede, magari non indirizzandola verso navi nemiche ma verso caldaie, fornaci, fonderie, appositamente strutturate per elaborare la radiazione solare e trasformarla in energia elettrica, termica, meccanica, ecc. ecc., in modo industriale, o altro. Attualmente, proprio a Siracusa, è stata realizzata una centrale elettrica, che funziona con un impianto solare termodinamico. Conosco personalmente il progetto perché ho avuto la fortuna e l'opportunità di poterlo visionare. Il progetto era gestito ai tempi, dal Fisico Rubbia, di cui ne era il Responsabile, che per mia sfortuna non ho potuto conoscere di persona. La centrale sviluppa temperature di 550 °C, e con scambiatore di calore serve, un gruppo turbina /alternatore. Produce 5MW di potenza.

Precedentemente a quella di Siracusa, Rubbia apri e collaudo una centrale in Spagna, sempre di natura solare termodinamica.

Solare termodinamico: specchi parabolici vengono disposti in righe per massimizzare l'accumulo di energia solare nel minimo spazio possibile.

La prima centrale elettrica solare termodinamica in alto, a specchio fisso. Perfetta per il giorno ma presentava dei problemi di notte, in quanto usa dei Sali che ad alte temperature rimangono liquidi e di sera perdevano fluidità per mancanza di radiazioni termiche. Ricordo che stavano progettando dei sistemi di accumulo di calore per la notte, permettendo così ai Sali (solfato idrato di sodio) di rimanere liquido.

Centrale solare a specchi con torre centrale SolucarPS10

La seconda centrale molto più interessante e semplice concettualmente, con torre solare munita di caldaia, e specchi piani ma che ruotano inseguendo l'eclittica solare (la traiettoria del sole durante il suo moto apparente). Gli specchi riescono a ruotare seguendo la traiettoria del sole, tramite dei martinetti che correggono la traiettoria degli specchi, muniti di congegni a tempo. Il principio è molto simile agli apparati dei telescopi che seguono lo spostarsi delle stelle o dei corpi celesti di notte, il sistema è chiamato "eliostatico". Le cellule fotoelettriche comandano con opportuni relè i servomotori idrodinamici a olio con due martinetti (assiale e radiale). Raggiunge un migliore rendimento rispetto al solare termodinamico, sviluppando circa 1000 °C.

Altri modi per utilizzare l'energia solare

Il principio generale consiste nel concentrare fasci di raggi solari in una zona ristretta di captazione.

Ci sono prevalentemente due diversi tipi di rendimenti espressi in temperatura.

Il forno solare con specchi a parabola ruotanti. Sviluppa migliaia di gradi, adatto per scopi industriali.

Lo specchio cilindrico parabolico fisso. Sviluppa centinaia di gradi, adatto a uso privato.

Produzione di acqua distillata, (per servire luoghi isolati e aridi), l'escursione termica tra notte e giorno produce condensa, che viene recuperata tramite captazione per mezzo di vetrate inclinate dove l'umidità condensa e tramite questi vetri inclinati scola in un velo d'acqua presso canalette di raccolta, poste all'interno di una serra.

Centrali Talassotermiche, usano il calore accumulato dalle masse d'acqua tropicali. L'impianto prevede un corpo centrale sotto vuoto, diviso in due parti, l'evaporatore cui giunge l'acqua calda e il condensatore cui giunge l'acqua fredda; tra i due scomparti c'è la turbina, messa in azione dal vapore richiamato nel vuoto del condensatore, le prese di aspirazione delle tubazioni dell'acqua fredda, giungono fino in profondità (anche 400 m), le dovute spese di posa sono molto onerose. Questo principio di funzionamento si basa sulla differenza di temperature tra le calde acque superficiali del mare riscaldate dal sole (tra i 25 / 30 °C) e le fredde acque in profondità (4 / 8 °C). Creata questa differenza di temperatura e posta la turbina sotto vuoto, l'impianto funziona come una centrale termoelettrica con gruppo turbina /alternatore. Le maree e le correnti oceaniche possono creare potenziali problemi alle strutture sommerse.

Le cucine solari: ultimamente una società svizzera si è impegnata per salvaguardare le foreste del Madagascar, riproponendo questo modello di forno solare ad uso familiare, per la cottura degli alimenti. In alcune regioni isolate e sottosviluppate, anche prive di legna da ardere, si stanno utilizzando cucine solari, questa in alto è l'unica che ho trovato in rete, versione familiare si intende. Invece vi vorrei citare e descrivere una foto che ho visto anni fa, che aveva veramente attirato la mia attenzione. Non sono riuscito a trovarne traccia né su libri né internet. Visualizzo descrivendo, c'erano due batterie gemelle a servizio di una comunità o villaggio. Vi erano vicino due uomini di colore, quindi presumo Africa o medio oriente, ebbene... era una coppia di batterie identiche strutturate su due livelli. Il primo blocco della prima batteria più in alto sopra la testa, era costituito da uno specchio cilindrico parabolico (come quelli usati per modelli di solare termodinamico,) lungo circa quattro metri. All'interno c'era un cilindro a chiusura stagna, contenente acqua, che veniva riscaldata dallo specchio cilindrico parabolico, presumo su stima approssimativa, una capienza tra i 20 e i 30 litri, credo tutto realizzato in alluminio. Al secondo livello in basso c'erano le piastre piane, credo di acciaio, forse per grigliare carne, pesce, verdura, farinacei. Dei fornetti metallici, forse per cuocere anche il pane o alimenti. Il tutto alimentato solo dalla radiazione solare. La parte più affascinante per me. Questo cilindro pieno d'acqua posto in alto, contenuto nello specchio cilindrico parabolico, riempito di acqua riscaldata, era collegato ad un altro cilindro identico posto nella parte in basso, sotto e adiacente le piastre piane, i due cilindri della stessa capienza erano collegati verticalmente tramite un tubo da ½ pollice. Da questo tubo per mezzo di un rubinetto si poteva prelevare acqua bollente, sia per il tè, che come acqua sterilizzata o pastorizzata per bere, a seguito di raffreddamento. Questo dal rubinetto che collegava i due cilindri uno in alto di carico e riscaldamento, e uno in basso per il prelievo e l'utilizzo. Nel cilindro in basso che veniva riempito, credo per sole necessità, tramite una valvola c'erano scomparti per bollire qualcosa, credo riso. Una cucina completa anzi due che asservivano le necessita di una comunità. Solo spese di realizzazione, e senza combustibile fossile, completamente alimentate dall' intenso irraggiamento termico. Davvero ingegnosa e ben costruita, complimenti al progettista per la semplicità l'ingegno e la buona volontà, sembrava una macchina venuta dal futuro, tutta brillante e splendente, ai margini di una foresta, ma con tecnologie di captazione solare note dai tempi di Archimede.

Frigoriferi solari e le pompe di calore, il principio di funzionamento è questo, innalzando la temperatura del refrigerante esso sottrae calore all'ambiente circostante, funziona a energia solare, è una pompa di calore, una macchina frigorifera che può anche funzionare alla rovescia. L'energia solare può essere impiegata in due modi, o per far caldo o per raffreddare.

Paradossalmente sembra assurdo dirlo, ma il calore del sole può darci fresco d'estate e caldo di inverno.

Questo tipo di pompe di calore sono usate in genere nelle basi per le osservazioni ed esplorazioni polari, isolate anche per lunghi periodi dai rifornimenti.

I forni solari, è un forno solare che prevede un grande specchio parabolico fisso, nonché uno specchio orientato piano a 45°, convergente nel grande specchio parabolico, viene usato per ricerche scientifiche e procedimenti industriali, fusioni di metalli e leghe, sviluppa fino a 3000 °C, il procedimento termico non rimane inquinato da gas combusti, e funzionando senza elettrodi c'è un alto risparmio di energia.

Pile solari, trasformano l'energia luminosa in corrente elettrica, sono usate anche per satelliti artificiali, sfruttano l'azione energetica del sole.

I più conosciuti, *impianti fotovoltaici,* per la produzione di energia elettrica in zone non raggiunte dalla rete urbana, *pannelli solari,* per il riscaldamento e l'accumulo dell'acqua calda.

La fotosintesi della clorofilla, dei vegetali, tramite la reazione di fotosintesi clorofilliana indotta dal sole, la pianta scompone l'anidride carbonica presente nell'atmosfera, libera ossigeno e fissa il carbonio formando gli zuccheri, cellulosa, e legno.

HE3
L'ELIO 3 IL COMBUSTIBILE DEL FUTURO

L'elio 3, è un gas, in particolare è un isotopo dell'elio. Sulla terra è molto scarso se non assente. Quelle poche molecole di elio 3 reperibili, sono derivare dallo smantellamento di armi nucleari o come sottoprodotto del trizio (isotopo dell'idrogeno) anch'esso sintetizzato, perché non presente o disponibile naturalmente. Sulla terra l'elio 3 non è presente, perché l'atmosfera ci scherma proteggendoci dal vento solare, e il campo geomagnetico ne devia l'accesso ai raggi cosmici. Sulla Terra però la situazione da tempo è cambiata e ora penso che, per nostra negligenza, l'elio 3 possa essere potenzialmente anche reperibile ai nostri poli (magnetici), *dove il buco nell'ozono che abbiamo prodotto* ne potrebbe permettere ora l'accesso, *sarebbe curioso da verificare.* Comunque, attualmente, allo stato dei fatti, non ne abbiamo disponibilità. Le potenze emergenti stanno programmando di estrarlo dalle rocce regolitiche presenti sulla Luna, che lo contengono perché trasportato e accumulato dal vento solare sulla superficie lunare, priva di schermatura derivata da assenza di campo magnetico e atmosferico. Anche i giganti gassosi come Giove ne contengono in abbondanza e si prevede di estrarlo anche da lì, ma con estrema difficoltà data l'enorme distanza dalla Terra. Sarà usato per reattori nucleari di terza generazione a fusione. Il vantaggio di sostituirlo ai prodotti di fissione (torio, uranio, plutonio, ecc. ecc.) sta nel fatto che nella fissione si lavora con il neutrone, che produce catene complesse di decadimento a cascata, dalla difficile gestione e confinamento. Mentre questo elemento, sottoposto a reazione nucleare per fusione, lavora prevalentemente con il protone, che carico elettricamente può essere intercettato e bloccato. Il sistema è costituito dal gruppo, caldaia / turbina / generatore, senza eccessivi compromessi di gestione e confinamento, pochi sottoprodotti, quasi assenza di radiazioni, questo perché l'emivita o il tempo di dimezzamento di questi sottoprodotti è assai breve, a differenza dei sottoprodotti delle reazioni nucleari a fissione che sono, riferiti ai nostri tempi umani, eternamente radioattivi.

REAZIONI DI FUSIONE

Reazioni di fusione dell'elio 3

Reagenti	Prodotti	Q
Combustibili di prima generazione		
$^2_1H + {}^2_1H$	$\rightarrow$ $^3_2He + {}^1_0\,\mathbf{n}$	3,268 MeV
$^2_1H + {}^2_1H$	$\rightarrow$ $^3_1H + {}^1_1\,\mathbf{p}$	4,032 MeV
$^2_1H + {}^3_1H$	$\rightarrow$ $^4_2He + {}^1_0\,\mathbf{n}$	17,571 MeV
Combustibili di seconda generazione		
$^2_1H + {}^3_2He$	$\rightarrow$ $^4_2He + {}^1_1\,\mathbf{p}$	18,354 MeV
Combustibili di terza generazione		
$^3_2He + {}^3_2He$	$\rightarrow$ $^4_2He + 2{}^1_1\,\mathbf{p}$	12,86 MeV

Alcuni processi di fusione producono neutroni ad alta energia che rendono radioattivi i componenti che vengono colpiti dal loro bombardamento.

Da notare l'evoluzione tecnologica, nella colonna riportata sopra a destra, come diminuisce il numero di neutroni e aumenta quello dei protoni, progressivamente, partendo dalla prima generazione, seconda generazione, e terza generazione[6].

---

[6] Tratto da Wikipedia

Ciano batteri e ozono

Buco nell'ozono, immagine presa da Wikipedia

Il nostro cappello, così come viene chiamato dagli scienziati, il buco dell'ozono, per come si vede almeno dallo spazio. Dai satelliti in orbita si vede il pianeta Terra, munito della sua atmosfera, ma con una corona priva di protezione in corrispondenza dei poli. Questo si riteneva dovuto ai CFC, ovvero clorofluorocarburi, dannosi per l'atmosfera, contenuti in milioni di bombolette spray. Si pensava che i raggi UV agiscano da catalizzatore rompendo le molecole di CFC e liberando cloro, che a sua volta reagiva con l'ozono trasformandolo in ossigeno, riducendo così la concentrazione di ozono in atmosfera. Il fenomeno si è manifestato ai poli perché nelle polarità il campo magnetico attira il vento solare e ioni ad alta energia dal cosmo (raggi cosmici), con il quale interagisce.

Per questo i governi mondiali di concerto si unirono a Montreal nel 1987 dove fu redatto il famoso protocollo che vietava al Mondo intero l'utilizzo dei CFC. I Clorofluorocarburi sono stati aboliti da anni ma il buco sembra non ripristinarsi ma aumentare. Da alcuni lavori effettuati dai ricercatori del Noaa, si riscontra un nuovo aumento della concentrazione di CFC in alta atmosfera, l'agenzia denuncia che da monitoraggi registrati dal 2014 al 2016 le emissioni di CFC sono aumentate del 25% in più rispetto al 2012, ci sono dati sufficienti per presumere che in Asia orientale, nelle zone occupate dalla Cina, Mongolia, o nelle rispettive Coree, si sia ripreso a produrre CFC, calpestando il Protocollo di Montreal, non si capisce per quale utilizzo chimico diverso dall'uso nelle bombolette venga prodotto.

Pensando a ritroso, come si è creato in origine l'ozono?

Come si è creata un'atmosfera per una vita sostenibile sulla Terra?

Si ritiene che furono stati i nostri progenitori, i **ciano batteri**, che respirando anidride carbonica presente sulla terra e emettendo ossigeno, come prodotto di scarto crearono un'atmosfera. L'ossigeno è arrivato negli strati alti dell'atmosfera e, reagendo con i raggi ultravioletti, è stato trasformato da ossigeno in ozono.

I ciano batteri sono batteri foto sintetici alghe azzurre, o verdi naturali che vivono in prossimità di specchi d'acqua.

La loro attività consiste nel sottrarre anidride carbonica all'ambiente, di cui si nutre, e trasformarla in ossigeno. L'investimento non lo vedo eccessivo, impiantare batterie di ciano batteri, fanno tutto loro...

Non mi considero un esperto del campo, ma mi sembra di capire che sono infestanti e possono produrre a seguito di eutrofizzazione (inquinamento da detersivi o fertilizzanti) sostanze tossiche che producono morie di pesci, e citotossine, sostanze che recenti studi vorrebbero usare contro la lotta al cancro, perché hanno la caratteristica di non aggredire cellule sane.

Concluderei quindi nel proporre di fare batterie per culture sicuramente controllate e confinate, anche se in realtà sono già presenti in natura, dalla crescita spontanea, in bacini di acqua dolce e salata. Ora sta agli esperti prendere la parola.

Curiosità:
Batteri alieni

Alieni: la scienza crede possibile che delle forme di vita possano nutrirsi di radiazioni

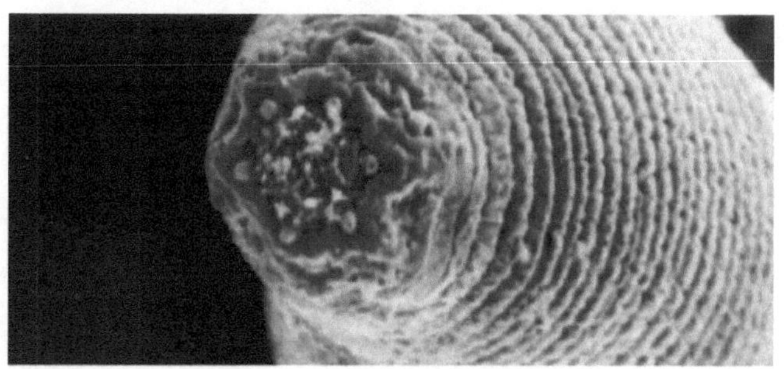

Nello spazio profondo potrebbe esserci una razza aliena che si nutre di radiazioni.

La scoperta fatta pochi giorni fa e pubblicata sulla nota rivista *Royal Society* deluderà tutte quelle persone che, quando si parla di vita aliena, associano subito il termine con razze come i grigi o altre forme di umanoidi rese famose dal cinema e dai libri di fantascienza. Ma la scoperta rimane comunque sensazionale, poiché stiamo parlando di un batterio capace di vivere fra le radiazioni, nutrendosene. Il batterio definito dal *The Mirror* "Super Alien", è una delle poche forme di vita che potrebbe avere qualche chance di sopravvivere in ambienti spaziali che, per noi, sarebbero ostili.

Il **Desulforudisaudaxviator** è un batterio che è stato trovato in una miniera d'oro in Sud Africa a 2.8 Km sotto la superficie terrestre[7].

Il **Desulforudisaudaxviator** è stato scoperto da Dimitra Atri, che ha notato che il batterio è stato capace di sopravvivere in un ambiente così ostile unicamente perché è capace di nutrirsi di radiazioni, che non solo lo alimentano ma lo potenziano. Il batterio è sopravvissuto legandosi ad alcune molecole d'acqua e di zolfo che sono state estrapolate da alcune rocce, frantumatesi per il livello molto alto di radiazioni.

Sembra un batterio destinato agli impianti
di bonifica da radioattività o adatto
nello smantellamento di armi nucleari.

---

[7] Riporto l'articolo trovato su internet per intero, cosi come recitato dall'autrice Chiara Esposito. *Many Worlds*, Subterranean Edition - Astrobiology Magazine - astrobio.net

ENRICO FERMI

Immagine di Enrico Fermi presa da Wikipedia

Nasce: IL 29 settembre1901, a Roma.

Muore: il 29 novembre 1954, per un cancro allo stomaco.

La famiglia: suo padre, Alberto, era un funzionario delle ferrovie; sua madre si chiamava Ida De Gattis. Nel 1928, Enrico sposa Laura Capon, dalla quale ha due figli, Guido e Nella.

I giorni che contano:

1918, entra nella scuola normale di Pisa con una borsa di studio. 1922, si laurea a Pisa.

1922, si laurea a Pisa.

1923-1924, trascorre l'inverno a Gottinga, alla scuola di Max Born.

1924, ha un incarico presso l'università di Firenze, da dove viene trasferito a Roma per occupare la cattedra di fisica teorica, creata dal professor Orso Mario Corbino.

Marzo 1929, è nominato accademico d'Italia.

1934, compie con il suo gruppo importanti esperimenti bombardando gli elementi con neutroni. Ottiene la prima fissione, cioè la divisione del nucleo di uranio. Trova il metodo per rallentare neutroni, da usare come proiettili nucleari.

1938, gli viene assegnato il premio Nobel per la Fisica e da Stoccolma si trasferisce in America.

2 dicembre 1942, sotto la sua guida viene realizzata a Chicago la prima pila atomica.

1943-1945, partecipa a Los Alamos alla costruzione della prima bomba atomica.

19 marzo 1946, gli viene conferita la medaglia di merito per il contributo dato alla costruzione della bomba atomica.

1954, riceve il premio istituto dalla commissione per l'energia Atomica (a cui sarà dato il nome di Premio Fermi) assegnato annualmente agli scienziati che hanno dato il maggior contributo al progresso della fisica nucleare.

Ha detto: *È inutile tentare di fermare il progresso delle conoscenze. Qualunque cosa la natura ha in sé, sia essa buona o cattiva, gli uomini debbono accettarla perché l'ignoranza non è stata mai migliore della conoscenza.*

L'architetto dell'era atomica

L'era atomica è nata dalla cooperazione di molti scienziati che, negli anni trenta, durante il dominio nazifascista, per opposizioni alle dittature o per sottrarsi alle persecuzioni razziali, fuggirono dall'Europa e si trapiantarono in America, producendo un fenomeno migratorio simile a quello di cinque secoli fa, quando gli studiosi bizantini fuggirono dalla loro patria invasa dai barbari e cercarono asilo in Italia, dove gettarono i semi dell'antica cultura ellenistica. Tra questi scienziati Fermi occupa un posto di primissimo piano: egli è stato definito: l'architetto della nuova era. Furono i suoi esperimenti e le sue ricerche a spianare la via per la costruzione della prima bomba atomica. Ecco perché Churchill, dopo Hiroshima, parlando ai Comuni, disse che bisognava ringraziare le potenze dell'Asse per aver costretto uomini come Fermi ad andarsene via dall'Italia.

Il problema della trottola

Nato a Roma, nel 1901, Enrico Fermi era figlio di un funzionario delle ferrovie dello stato. Sua sorella Maria, due anni più grande di lui, aveva un'inclinazione verso gli studi umanistici e la religione, Enrico e il fratello Giulio, che era il secondogenito, ebbero invece fin dall'infanzia la passione per la scienza. I due fratelli spesso stupivano i loro compagni di scuola costruendo trenini elettrici o disegnando modelli di aeroplani. Giulio era un ragazzo affabile, comunicativo, estroverso. Enrico quanto a carattere era il suo contrario, piccolo, introverso, timido con gli adulti, coi capelli sempre arruffati e la faccia sporca, quando era di cattivo umore sembrava dominato da una qualche misteriosa inquietudine. Nel 1915 la famiglia Fermi fu colpita da una dolorosa tragedia, Giulio mori improvvisamente. Per Enrico il colpo fu particolarmente terribile perché il fratello era stato il suo compagno di giochi, il suo amico e il suo confidente. Rimasto solo, egli andò sempre più cercando conforto nei libri che gli parlavano dei grandi misteri della natura. Al Ginnasio, comunque, ben presto trovò un compagno che, almeno in parte, riempiva il fuoco che Giulio aveva lasciato nella sua vita, si chiamava Enrico Persico, e, come lui, aveva la passione per la scienza della natura. I due adolescenti spesso andavano insieme a caccia di libri scientifici di seconda mano, facevano degli esperimenti e cercavano di spiegarsi il perché di certi fenomeniche cadevano sotto la loro osservazione, perché, ad esempio, l'asse della trottola che gira assume una posizione verticale rispetto alla terra e, rallentando si piega e si inclina. Migliaia di ragazzi giocavano con la trottola senza porsi domande come queste, ma il giovane Fermi cercava sempre la spiegazione dei fenomeni che osservava. Ogni sera, uscendo dalla scuola, egli passava dall'ufficio di suo padre e tornavano insieme a casa, passeggiando. Spesso a loro si univa l'ingegnere Adolfo Amidei che, conversando con Enrico, rimaneva sempre più impressionato delle sue conoscenze di matematica e di fisica. Quando Enrico gli pose il problema della trottola, l'ingegnere gli rispose che per trovare la soluzione bisognava studiare la meccanica. Ma per arrivare alla meccanica occorreva studiare prima l'algebra, la trigonometria e il calcolo infinitesimale. Se voleva studiare queste scienze, gli avrebbe prestato i suoi libri, che erano testi universitari. Fermi accettò l'offerta, studio tutti i testi e cominciò a risolvere i problemi che lo stesso Amidei trovava difficili. Perciò, seguendo il consiglio dell'ingegnere, dopo aver finito il liceo, egli fece domanda per una borsa di studio, per entrare nella facoltà di fisica della scuola normale di Pisa. Vinse la borsa di studio, superando un esame, e si trasferì a Pisa nel 1918. Il suo amico preferito qui divento il suo coetaneo e compagno di studi Franco Rasetti, oltre alla passione per la fisica, ne aveva un'altrettanta intensa, per la entomologia, collezionava insetti, scarafaggi, farfalle. Spesso i due giovani facevano lunghe escursioni nelle montagne vicine. Un bel giorno Fermi e Rassetti organizzarono una burlesca, società per molestare il prossimo. Una volta il prossimo fu un professore che con linguaggio pomposo e posa sacerdotale stava facendo una lezione seguito dagli studenti in silenzio religioso. Nel mezzo della lezione si udì una esplosione, si trattava di una bomba di carta nascosta. Ci fu un momento di panico pieno di ilarità, ma a lezione finita i due fondatori della società per molestare il prossimo vennero deferiti al consiglio di disciplina e per un pelo non furono espulsi dalla scuola. Li salvo uno dei professori che parlò in loro favore. Fermi si laureo nel 1922 e torno a Roma in cerca di una sistemazione. A quei tempi la fisica non apriva molte porte. Con una laurea in fisica di solito si diventa insegnante in una scuola. Il giovane laureato andò a trovare il professor Orso Mario Corbino, senatore e presidente della facoltà di fisica dell'università di Roma, per farsi dare dei consigli. L'incontro avvenne il 28 ottobre, mentre le camice nere marciavano su Roma. Corbino era un personaggio molto influente. Siciliano di origine, aveva facile la parola e gli entusiasmi ed era dotato di un forte acume nella valutazione degli uomini e delle loro capacità professionali. Fermi gli fece un'ottima impressione e lo prese subito in simpatia, diventando il suo protettore. Nel 1923 gli procurò una borsa di studio per seguire i corsi di fisica a Gottinga dove insegnava Max Born.

La scuola romana

Born aveva intorno a sé un gruppo di giovani brillanti, come Werner Eisenberg, che da lì a poco sarebbero diventati i giovani leoni della fisica quantistica. Fermi entro in questa cerchia, vi trascorse l'inverno 1923-1924 poi torno in Italia dove ebbe il posto di incaricato presso l'Università di Firenze. Ma a quel tempo aveva ormai al suo attivo una trentina di pubblicazioni e decise di concorrere alla cattedra universitaria di Cagliari. I suoi lavori erano in gran parte sulla teoria della relatività, ma nella commissione giudicatrice i commissari contrari a quella teoria erano più numerosi di quelli a favore, Fermi perciò non ebbe la cattedra e rimase a Firenze. Qui c'era anche il suo amico Rasetti e spesso andavano insieme in campagna, accalappiavano lucertole con un filo di erba e le liberavano nelle case delle contadine per spaventarle. Ma tra una lezione e l'altra, nella mente andavano maturando nuove idee. Da una decina d'anni gli studi di fisica gravitavano sulla struttura dell'atomo. L'austriaco Pauli aveva scoperto il principio di esclusione, cioè che in un'orbita attorno ad un nucleo ci può essere un solo elettrone. Estendendo questo principio al moto delle molecole di un gas e a un modello atomico, il giovane Fermi, mentre era a Firenze, diede il suo primo contributo originale alla fisica, formulando una teoria statistica che porta il nome Fermi Dirac (perché Dirac era arrivato in modo indipendente agli stessi risultati). Corbino approfitto del successo di questo contributo per istituire a Roma una cattedra di fisica teorica, da assegnare al suo protetto, che da Firenze, nel 1926, si trasferì definitivamente a Roma. Il professor Corbino a quel tempo aveva ormai abbandonato il campo delle ricerche e divideva il suo tempo tra la politica e le consulenze industriali. Ma aveva sempre sognato di risollevare le sorti della fisica, creando una scuola degna di rispetto da affidare ai giovani. Enrico Fermi era il suo uomo ideale, ben presto intorno a lui si formo un gruppo di altri giovani molto brillanti, provenienti da altre facoltà, come Edoardo Amaldi, Emilio Segrè, Ettore Majorana, e gli amici di infanzia. Rasetti e Persico, ultimo ad arrivare fu Bruno Pontecorvo. Questo gruppo, con le sue idee e i suoi esperimenti, avrà un peso notevole negli sviluppi della fisica del futuro. Il 29 luglio 1928, Fermi sposo Laura Capon, figlia di un ufficiale di marina, di religione ebraica. Corbino gli fece da compare di anello. Per arredare l'appartamento che aveva comperato a Roma, egli detto alla moglie un testo di fisica per le scuole. Ma il problema delle finanze gli venne risolto l'anno dopo quando con l'appoggio dell'onnipresente Corbino, venne nominato accademico d'Italia. Tra gli accademici era il più giovane di tutti e la nomina gli dava diritto ad essere chiamato "Eccellenza" e a indossare una divisa con l'aggiunta di feluca, spada e pennacchiere. Ma la cosa lo metteva in un certo imbarazzo. Quando dovette mettersi in uniforme per andare alla inaugurazione dell'accademia, uscendo da casa e salendo in macchina, nascose feluca e pennacchiere sotto il mantello. Una volta andò a sciare e il proprietario dell'albergo, dove pernottò, gli chiese se era parente di sua eccellenza Fermi. Si, sono un lontano cugino, e l'albergatore, conosco bene sua eccellenza. Ogni volta che viene da queste parti si ferma sempre al mio albergo. La cosa più importante che la nomina gli dava era lo stipendio, come accademico aveva uno stipendio doppio di quello di professore universitario e ormai ne aveva bisogno perché ben presto sarebbe diventato padre di due figli, Guido e Nella. Nell'estate del 1930 Fermi fece il suo primo viaggio in America, per tenere delle lezioni ad Ann Arbor, nel Michigan. Vi ritornò da allora in poi ogni anno, con la sola eccezione del 1934, quando andò per un giro di conferenze nell'America del sud. Il 1934 fu anche uno dei più fecondi della sua carriera perché fu l'anno delle ricerche e delle scoperte per le quali nel 1938 avrà il premio Nobel. Nel 1932 era stato scoperto il neutrone. La scoperta, che dodici anni dopo porterà alla costruzione della bomba atomica, sembrava ancora un fatto di importanza esclusivamente accademica. Fermi era stato tra i primi di occuparsi dei neutroni. Agli inizi del 1934, i coniugi

Curie avevano scoperto che bombardando l'alluminio con particelle alfa (cioè nuclei di elio con carica positiva,) si ottenevano particelle radioattive, cioè la radioattività artificiale. Partendo da questa scoperta, Fermi trovò un metodo più efficace per rendere gli elementi artificialmente radioattivi, consisteva nel bombardarli con neutroni i quali, mancando di carica elettrica, non subivano le influenze delle cariche elettriche degli elettroni o del nucleo e, come proiettili nucleari, colpivano il bersaglio con facilità. Durante gli esperimenti con i neutroni, il gruppo Fermi, composto da Amaldi, Rasetti, Segrè, D'Agostino, bombardando l'uranio notò che le particelle radioattive prodotte dalla disintegrazione non aveva nessuna affinità con l'uranio stesso, ed ebbe l'impressione di aver scoperto un nuovo elemento a cui venne dato il numero 93. Il senatore Corbino annunciò la scoperta dell'accademia dei Lincei, generando una controversia internazionale. Corbino aveva comunicato che bombardando l'uranio con i neutroni si era ottenuto un nuovo elemento, dando come fatto ciò che era una semplice congettura.

L'esame di aritmetica

La notizia fu accolta con un certo scetticismo negli ambienti scientifici. Per mettere le cose in chiaro, Fermi e Corbino stilarono un comunicato nel quale precisavano che per parlare di un nuovo elemento bisognava raccogliere molte altre prove e fare molti altri esperimenti. Durante l'autunno dello stesso anno Fermi scopri che i neutroni, durante l'impiego come proiettili nucleari, potevano venir rallentati tramite una sostanza contenente idrogeno, come la paraffina o l'acqua. Il rallentamento era di grande importanza pratica. Esso rendeva possibile la costruzione della prima pila atomica e della bomba.

Fu Corbino che, intuendo le eventuali applicazioni industriali della scoperta, convinse il gruppo a proteggerla con una regolare patente. Fermi, per queste scoperte, ricevette il premio Nobel per la fisica, nel 1938, ma le cose ormai in Italia si andavano mettendo male. Da vari mesi era cominciata la campagna antisemitica, con la pubblicazione del manifesto della razza. Fermi aveva la moglie di religione ebraica e della stessa religioni erano alcuni dei più brillanti giovani del suo gruppo. Egli decise perciò di andare a Stoccolma, prendere il premio Nobel e da lì proseguire per gli Stati Uniti dove varie università gli avevano offerto una cattedra. Il 6 dicembre 1938 partì da Roma senza rivelare a nessuno i suoi piani. Il 2 gennaio arrivo a New York ed ebbe subito la cattedra all'Università di Columbia. Prima della partenza, quando era andato a prendere il visto, aveva voluto superare un esame di aritmetica. Un' impiegata del consolato, con faccia seria e solenne, gli chiese quanto facessero 22+5 e 30-10. Fermi rispose con faccia altrettanto seria e solenne, ed ebbe subito il visto. A metà gennaio arrivò a New York anche il fisico danese Niels Bohr, diretto a Princeton dove andava a trascorrere alcuni mesi con Einstein. Fermi andò ad attenderlo al porto e seppe da lui che in Germania erano in corso degli importantissimi esperimenti. Due fisici tedeschi, Otto Hahn e Fritz Strassman, proprio in quei giorni, bombardando atomi di uranio con neutroni, cioè seguendo il suo metodo, avevano scoperto che gli atomi di uranio si spezzavano in due parti, ognuna con il medesimo peso atomico. Al processo era stato dato il nome di "fissione". Allora Fermi si rese conto che nei suoi esperimenti romani, bombardando l'uranio, non avevano ricavato un nuovo elemento, ma avevano prodotto la fissione. Né lui né il suo gruppo avevano avuto abbastanza immaginazione o conoscenze chimiche per dare il giusto significato ai risultati degli esperimenti. I fisici tedeschi erano convinti che con la fissione si liberava una grande quantità di energia e per provare l'ipotesi avevano ideato altri esperimenti che ne avevano data la conferma sperimentale. Bohr, ricevette un telegramma che gli comunicava i risultati. In Fermi l'impulso teorico e quello sperimentale avevano la medesima intensità e l'uno si intrecciava con l'altro. Egli aveva una certa avversione per le teorie troppo astratte, non dimostrabili nel mondo della natura. Dopo aver saputo da Bohr i risultati degli esperimenti tedeschi, in cui si svegliò l'impulso teorico, bisognava mettere in prospettiva la fissione e interpretare il suo significato. In modo molto approssimato, ragiono cosi, con un neutrone proveniente da una sorgente esterna si spezza in due un atomo di uranio. Le due parti emettono due neutroni che possono colpire altri due atomi di uranio i quali dividendosi, emettono altri e quattro neutroni che colpiscono altri quattro atomi di uranio e così via fino a quando tutto l'uranio è esaurito. Si può creare dunque una reazione a catena che si auto sostiene e la cui importanza sta tutta nel fatto che essa libera un'immensa quantità di energia. In *nuce* questa era l'idea della prima pila atomica, che verrà realizzata a Chicago tre anni dopo. Intanto Fermi si era comperato una casa a Leonia, nel New Jersey, e ogni giorno andava all'istituto di fisica della Columbia Univesity. Il pensiero che la fissione fosse stata scoperta in Germania era preoccupante sia per lui che per gli altri fisici che ne erano al corrente. Tutti si domandavano se i nazisti se ne sarebbero avvalsi per costruire una bomba o per far navigare le loro navi da guerra con energia nucleare. Per giungere a queste applicazioni occorreva, comunque, trovare metodi più elaborati per il rallentamento dei neutroni. I mezzi per continuare gli esperimenti c'erano, alla Columbia vi era un Ciclotrone che produceva neutroni, a un ritmo centomila volte più grande dei mezzi rudimentali di Roma. Agli esperimenti si associano Leo Szilard, Walter Zinn, Herbert Anderson, che era l'allievo prediletto. La guerra ormai era scoppiata in Europa e giungevano in America notizie che per i fisici erano più preoccupanti della stessa invasione della Polonia o della sconfitta della Francia, l'istituto Kaiser di Berlino andava accumulando grossi quantitativi di uranio. Fermi, Szilard ed altri ritennero necessario informare il governo americano circa il significato della fissione e gli usi che di essa i tedeschi poterono farne. Fermi fu invitato a Washington per incontrare l'ammiraglio Hooper e porgli la domanda, le autorità militari sarebbero disposte a concedere fondi per procurarsi l'uranio e far delle ricerche per realizzare la pila atomica? Le autorità non presero le proposte troppo sul serio. Allora si penso di farle avallare dalla firma dello scienziato di maggior prestigio di quei tempi, cioè Albert Einstein. Andarono a trovarlo Szilard ed Eugene Wigner. Einstein scrisse una lettera al presidente Roosvelt nella quale gli prospettava la possibilità della costruzione di una bomba più potente e micidiale di tutte quelle fino allora conosciute. Roosvelt intuì subito l'importanza della proposta e nominò un "comitato di consulenza sull'uranio. Nel dicembre del 1941 Vannevar Bush, direttore delle ricerche scientifiche per la difesa, annunciò che il governo americano avrebbe fatto un grosso sforzo per sfruttare l'energia nucleare.

Un fiasco di Chianti

Il giorno dopo ci fu l'attacco giapponese di Pearl Harbor. L'America era ormai in guerra e nel vento della guerra il progetto atomico salpò a gonfie vele. Nell'inverno del 1942 tutto il lavoro per la costruzione della pila atomica venne concentrato a Chicago. Il direttore del progetto era il professor Arthur Compton. Ma il vero direttore di tutta l'orchestra era Enrico Fermi, che si era trasferito a Chicago con tutta la famiglia. Il 2 dicembre 1942 la pila costruita con uranio e grafite fu pronta. L'esperimento per vedere se funzionava venne fatto nel campo sportivo Stagg, dell'Università. La reazione a catena ebbe inizio alle 3,25 del pomeriggio. Tutti i presenti guardavano attoniti gli strumenti che vibrano, indicando che la reazione era in corso. Poi Eugene Wigner tirò fuori un fiasco di chianti che teneva nascosto, lo offerse a Fermi e tutti bevvero, in silenzio, in bicchieri di carta, salutando l'inizio dell'era atomica. Il professor Compton, intanto inviava un messaggio convenzionale al professor Conant, presidente di Harvard e direttore delle ricerche per la difesa nazionale. Il messaggio diceva "il navigatore italiano è venuto nel nuovo mondo". Era in realtà un mondo nuovo quello in cui in quel giorno si entrava, il mondo delle grandi speranze e delle grandi angosce dell'era nucleare. Dalla pila atomica si passo alla costruzione della bomba e il nuovo progetto fu messo sotto la giurisdizione militare. Si chiamò progetto "Manhattan" e a dirigerlo fu scelto il generale Leslie Groves. Groves scelse come posto per concentrare i cervelli impegnati nella costruzione della bomba una località isolata del nuovo Messico, cioè Los Alamos. Una piccola città, fatta di baracche, officine, uffici, sbuco fuori all'improvviso, una città che per tre anni non fu riportata su nessuna carta geografica, dove nessuno votava e dove quasi tutti gli abitanti avevano preso, diciamo cosi, un nome di arte. C'erano nella comunità, ungheresi, come Von Neuman, Wigner, Teller, Szilard, italiani come Fermi, Segrè, Rossi, danesi come Bohr, francesi come Bethe, russi come Kistiakowki. Era, insomma, la più grande concentrazione di scienziati che si fosse mai vista. Fermi nella comunità era il signor Farmer, Bohr il signor Nicolas Baker, o come tutti lo chiamavano, zio Nick, Robert Oppenheimer, che aveva l'incarico della coordinazione del lavoro scientifico, veniva chiamato Oppie. Vi era un reparto scientifico chiamato "F" e il suo direttore era Fermi. Il reparto aveva l'incarico di risolvere a livello teorico e pratico i più astrusi e imprevisti problemi che si presentavano. Per la costruzione della bomba bisognava risolvere problemi di idrodinamica, di fisica nucleare, di ottica, di termodinamica, di geofisica, che erano interdipendenti e interfacciati tra loro, solo Fermi, che sapeva tutto su tutto, aveva la visione di insieme per capire i nessi che legavano un problema all'altro. Quando la bomba fu pronta, per farla esplodere venne scelto il deserto di Alamogordo. L'esplosione era fissata per il 16 luglio, ma nella sera del 15 si scatenò una tempesta e sembro in un primo tempo che si dovesse rimandare. Durante la notte Segrè udì un coro strano, andò a vedere di cosa si trattava e scopri che in un pantano vi erano migliaia di rane in amore che gracidavano. Alle 5,30 del mattino la bomba venne liberata. La regione si illuminò di una luce intensa che cambiava colore. Un sinistro fungo di fumo si alzo verso il cielo e, trenta secondi dopo, si udì un lugubre rombo. Fermi aveva tagliato dei pezzetti di carta e li aveva buttati in aria. L'onda sonora del boato li sposto dal punto di lancio, spingendoli nella sua direzione. Misurando la distanza dello spostamento Fermi poté calcolare, prima che il calcolo venisse fatto sui dati forniti degli strumenti, la quantità di energia che si era liberata nella esplosione.

Il giudizio morale

La guerra in Europa, intanto era finita, e con essa era finita anche la paura che la Germania potesse costruire una bomba prima dell'America. Già prima di Alamogordo la comunità scientifica di Los Alamos aveva cominciato a manifestare pareri discordi circa la nuova arma. Alcuni dicevano che non bisognava usarla contro il Giappone che, potenzialmente era ormai in ginocchio, e suggerivano di farla esplodere in qualche isola deserta, in presenza di un gruppo di personalità internazionali. Convinti che bastasse questa prova per indurre i Giapponesi alla resa. Altri erano di avviso contrario. Altri ancora formulavano piani per un controllo internazionale dell'energia atomica, nella ingenua illusione di poter controllare il mostro che avevano creato. Fermi si mantenne al di fuori di queste discussioni. Non gli interessavano. Egli si sentiva competente nelle decisioni tecniche, ma riteneva che quelle politiche non fossero di sua competenza. La bomba finalmente fu lanciata su Hiroshima e Nagasaki e dopo il lancio sua sorella Maria, da Roma, gli scrisse cosi: "Qui non si parla d'altro che della bomba atomica. Quanto a me ti raccomando a Dio nelle mie preghiere. Solo lui ti può giudicare da un punto di vista morale". Finita la guerra in Giappone, molti scienziati, come Szilard o Oppenheimer, ebbero dei rimorsi e dei complessi di colpa da cui cercarono di liberarsi diventando pacifisti ad oltranza. Questa tendenza si intensificò quanto più essi capivano che era più facile rallentare i neutroni che frenare le ambizioni di potenza dei militari e degli uomini politici, che ormai erano armati della bomba micidiale. Altri fisici finirono per allearsi ai militari e ai politici ed a andare avanti costruendo bombe più potenti come la bomba "H". Fermi, negli ultimi anni della sua vita, si senti sempre più deluso per il fatto che l'energia nucleare veniva sfruttata più per scopi di guerra che per scopi di pace. Negli ultimi quattro anni si era dedicato sempre più allo studio delle nuove particelle elementari che, grazie agli acceleratori ad alta energia, aprivano alla fisica delle nuove e promettenti prospettive. Dotato di notevoli qualità didattiche, egli, che dai suoi maestri aveva ricevuto molto poco, diede moltissimo ai suoi discepoli, fondando una scuola di primo ordine. Agnostico fin dall'infanzia, non ebbe mai crisi di natura religiosa, né alcun interesse per la filosofia, la letteratura o qualsiasi altra disciplina umanistica. Forse per questo non ha mai sentito il bisogno di mettere in una dimensione morale un problema così grave e così terribile come quello della bomba. La conoscenza delle forze della natura, e il loro modo di operare, era il suo interesse fondamentale, circa l'uso che gli uomini avrebbero potuto farne, non si reputava competente al punto da pronunciarsi allo scopo di influenzare i politici. In questo fu differente da altri scienziati come Sziland o Oppenheimer, dopo l'esplosione di Alamagordo, fu attribuita la frase famosa "Oggi i fisici anno conosciuto il peccato". L'energia nucleare è un'arma a doppio taglio. Con essa si costruiscono le bombe per distruggere e per tenere gli uomini in vita, con essa si possono mandare avanti le industrie o le navi in un pianeta come il nostro dove le risorse petrolifere un giorno finiranno per essere esaurite e con essa si può spazzare la terra dalla carta geografica dell'universo. Ecco perché l'era atomica, di cui Enrico Fermi fu l'architetto, è l'era delle grandi speranze e delle grandi angosce per tutto il genere umano. (nota di rimando, Gino Gullace).

RICHARD FEYNMAN

Richard Feynman Premio Nobel per la Fisica 1965
(immagine presa da Wikipedia)

Richard Phillips Feynman (New York, 11 maggio1918 – Los Angeles, 15 febbraio1988) è stato un fisico e divulgatore scientifico statunitense, Premio Nobel per la fisica nel 1965 per l'elaborazione dell'elettrodinamica quantistica.

Le sue innovazioni fisico-teoriche e matematiche nell'ambito della meccanica quantistica, come l'integrale sui cammini, furono fondamentali per elaborare le varie interpretazioni della teoria e diverse teorie di cosmologia quantistica.

Biografia

Richard Phillips Feynman nacque l'11 maggio 1918 a Manhattan da una famiglia ebraica ashkenazita di origini russe e polacche, e visse la maggior parte della giovinezza nel quartiere di Far Rockaway nel Queens (un borough di New York). Al padre Melville, un venditore di uniformi, va ascritto il merito di averne saputo stimolare la curiosità, proponendogli, fin dalla più tenera età, letture e problemi di carattere scientifico. Un esempio significativo dell'influenza del padre è riportato nella raccolta di aneddoti *Che t'importa di ciò che dice la gente?* e riguarda i limiti della scienza, specialmente in riferimento al concetto di inerzia nella seconda legge della dinamica.

La sua vivace intelligenza trovò nei volumi dell'Enciclopedia Britannica un fertile terreno di coltura, che venne precocemente ampliato ricorrendo a testi specifici di matematica. Feynman si dedicò autonomamente al calcolo differenziale molto prima dei suoi coetanei e arrivò a sviluppare indipendentemente una serie di notazioni e strumenti per rappresentare e trattare le funzioni trigonometriche elementari. Questa abilità nel costruirsi strumenti applicativi su misura la si ritrova negli anni della maturità scientifica, con lo sviluppo dei diagrammi di Feynman e degli integrali di Feynman, che avrebbero costituito la "*balestra in un mondo in cui tutti erano armati di arco e frecce*". I suoi interessi nel campo della scienza furono molteplici e riguardarono anche la chimica, la biologia e l'elettronica.

Partecipazione al Progetto Manhattan

Conseguì la laurea e il dottorato in fisica al MIT e a Princeton. Mentre portava avanti il dottorato di ricerca, il suo riconosciuto talento per la fisica e la matematica gli valse un posto all'interno del Progetto Manhattan, con il quale il governo degli Stati Uniti si proponeva di sviluppare la prima bomba nucleare. Feynman è anche l'unica persona ad aver visto l'esplosione nucleare di Trinity a occhio nudo, con la sola protezione del vetro del parabrezza di un autocarro per schermare le radiazioni ionizzanti nocive; è stato ipotizzato che questo o altri esperimenti abbiano causato danni futuri alla sua salute. La conclusione del progetto soddisfece Feynman, ma gli provocò anche emozioni contrastanti a causa dell'uso bellico della bomba atomica sganciata sul Giappone nel 1945. Va notato inoltre che nel 1946, mentre si trovava a Los Alamos, la sua prima moglie Arlene morì di tubercolosi.

L'insegnamento e il Premio Nobel

Richard Feynman insegnante all'Università Cornell

Dopo la seconda guerra mondiale accettò una cattedra alla Cornell University, dove riprese a sviluppare l'idea su cui stava lavorando prima della guerra: si trattava di un metodo per calcolare le probabilità di transizione da uno stato quantistico a un altro. Sviluppò così, basandosi sulle idee di Paul Dirac e Werner Karl Heisenberg un nuovo formalismo per la meccanica quantistica, denominato integrale sui cammini, grazie al quale poté elaborare in seguito l'elettrodinamica quantistica, che gli valse il premio Nobel per la fisica nel 1965 assieme a Sin-Itiro Tomonaga e Julian Schwinger. Tale integrale, noto anche come *somma sulle storie* di Feynman è stato utilizzato in seguito da Stephen Hawking, nell'ambito dell'interpretazione a molti mondi, per elaborare le teorie della *cosmologia top down* (un modello di fine-tuned Universe) e dello stato di Hartle-Hawking.

Elaborò delle formule, note come *formule di Feynman*, attraverso cui è possibile dedurre i potenziali ritardati di Liènard e Wiechert relativi a campi prodotti da una carica puntiforme che si muove di moto arbitrario in un riferimento inerziale e che, sulla base del principio di sovrapposizione, permettono poi di esprimere i potenziali prodotti da un qualsiasi sistema di cariche in moto arbitrario. Dall'espressione formale di questi potenziali, in particolare, risalta il ruolo del tempo e delle sue relative simmetrie nei fenomeni elettromagnetici.

A partire dagli anni cinquanta fu docente di fisica al California Institute of Technology e si occupò di superfluidità, superconduttività e del decadimento beta dei neutroni. Le lezioni di fisica tenute al California Institute of Technology negli anni compresi tra il 1962 e il 1964 sono state raccolte in una serie di volumi apprezzati da generazioni di fisici e oggetto di numerose ristampe (v. *The Feynman Lectures on Physics*).

Come membro della commissione Rogers, incaricata nel 1986 dal presidente Ronald Reagan di indagare sulle cause del disastro dello Space Shuttle Challenger, dimostrò che l'incidente era stato causato da un cedimento degli O-ring di uno dei serbatoi ausiliari dovuto alla forte escursione termica nella notte precedente il lancio.

Altri interessi e personalità

Feynman nel 1984

Alle riconosciute doti di fisico affiancava un senso dell'umorismo fuori dal comune e un carattere eccentrico e originale (molti aneddoti sulla sua vita sono raccontati in prima persona nelle raccolte di scritti autobiografici *"Sta scherzando, Mr. Feynman!"* e *Che ti importa di cosa dice la gente?*); aveva la passione per la musica - suonava il bongo, talvolta con una band in locali notturni anche in età matura - e per le arti figurative: eseguiva ritratti femminili a matita che firmava come 'Ofey', talvolta nudi raffiguranti prostitute e spogliarelliste che frequentavano i bar di Los Angeles dove Feynman si esibiva come musicista. Amava definirsi *"Nobelist Physicist, teacher, storyteller, bongo player"*, ovvero *Fisico premio Nobel, insegnante, cantastorie, suonatore di bongo.*

Quando fu arruolato nell'esercito durante la guerra, fu subito assegnato a incarichi scientifici riguardanti la balistica; si divertiva ad aprire quasi ogni serratura o cassaforte, gettando regolarmente nel panico i responsabili della sicurezza del progetto, fino a che venne scelto per il Progetto Manhattan. A rendere ancora più surreale e divertente il tutto, scoprì a guerra finita, durante la tradizionale visita medica di leva, di non raggiungere un profilo psichico sufficientemente equilibrato per poter vestire la divisa.

Sua caratteristica era anche una certa insofferenza verso gli impegni ufficiali, la fama inopportuna e le regole della società, manifestata anche nell'occasione dell'assegnazione del Nobel. Il libro *Sta scherzando, Mr. Feynman!* si conclude con la trascrizione di una conferenza, in cui vengono messe in ridicolo alcune teorie pseudoscientifiche, mostrandone i molti parallelismi con il fenomeno del Cargo cult, e come il rigore metodologico, definito dal concetto di integrità scientifica, sia la componente fondamentale per distinguere cosa è scienza da cosa non lo è.

A Los Alamos, durante il Progetto Manhattan, Richard Feynman scrisse in una lettera a sua moglie Arlene che l'espansione decimale della frazione 1/243 si ripete in maniera piuttosto divertente. Questa lettera irritò il censore della posta fra Los Alamos e il mondo esterno, che temette che la serie di numeri potesse comunicare segreti tecnici. Divertito, Feynman precisò che se realmente si divide 1 per 243, si ottiene quella serie di cifre, così non ci può essere più "informazione" nella lunga serie di numeri di quanta ve ne sia nel singolo numero 243.

Egli possedeva inoltre un piccolo furgone-automobile decorato da lui stesso con i diagrammi da lui inventati e a cui aveva installato la targa personalizzata (possibile nella legislazione californiana) con la scritta QANTUM. In questo furgone spesso si muoveva e a volte ospitava gli studenti, trattandoli in maniera cordiale e allegra, il che lo fece diventare uno dei professori universitari più amati e popolari. Nell'episodio *La corrosione dell'addio al celibato* della sit-com "The big bang theory" i protagonisti fanno un viaggio in Messico, affittando il furgone di Feynman; per le riprese è stato utilizzato il veicolo originale.

Feynman era distinguibile anche per il suo forte accento e abbigliamento tipici degli Stati Uniti meridionali, residuo degli anni nel New Mexico.

Opposizione alla teoria delle stringhe

Un diagramma di Feynman nel francobollo dedicato
all'Anno mondiale della fisica 2005

In un'intervista poco prima della morte, espresse così la sua opinione sui colleghi sostenitori della teoria delle stringhe, un'ipotetica teoria del tutto mai verificata sperimentalmente: *«Non mi piace il fatto che non calcolano alcunché... Non mi piace che non verifichino le loro idee... Non mi piace che quando ci sono disaccordi con un esperimento, essi confezionino una spiegazione, un aggiustamento, per poi dire, "Beh, potrebbe ancora essere giusta"».*

Malattia e morte

Richard Feynman fu colpito nel 1979 da due rare forme di tumore: il liposarcoma e la macroglobulinemia di Waldenstrom. Morì a 69 anni, poco tempo dopo aver subito un'operazione di asportazione del sarcoma che si era ripresentato allo stomaco. Le sue ultime parole furono *«Non sopporterei di morire due volte. È una cosa così noiosa»*.

Eredità

Feynman è ritenuto il padre delle nanotecnologie, avendo considerato per la prima volta nel 1959, con un noto discorso passato alla storia come *There's Plenty of Room at the Bottom*, la possibilità di manipolazione diretta degli atomi nella sintesi chimica. È inoltre considerato uno degli ispiratori del computer quantistico.

TAVOLA PERIODICA

PERIODO

GRUPPO
RACCOMANDAZIONI DI IUPAC
(1985)

GRUPPO
CHEMICAL ABSTRACT SERVICE
(1986)

NUMERO ATOMICO — 5 10.811 — MASSA ATOMICA RELATIVA (1)

SIMBOLO — B

BORO — NOME DELL' ELEMENTO

1 IA	2 IIA	3 IIIB	4 IVB	5 VB	6 VIB	7 VIIB	8	9 VIIIB	13 IIIA
1 1.008 **H** IDROGENO									
3 6.94 **Li** LITIO	**4** 9.0122 **Be** BERILLIO								**5** 10.811 **B** BORO
11 22.990 **Na** SODIO	**12** 24.305 **Mg** MAGNESIO								
19 39.098 **K** POTASSIO	**20** 40.078 **Ca** CALCIO	**21** 44.956 **Sc** SCANDIO	**22** 47.867 **Ti** TITANIO	**23** 50.942 **V** VANADIO	**24** 51.996 **Cr** CROMO	**25** 54.938 **Mn** MANGANESE	**26** 55.845 **Fe** FERRO	**27** 58.933 **Co** COBALTO	
37 85.468 **Rb** RUBIDIO	**38** 87.62 **Sr** STRONZIO	**39** 88.906 **Y** ITTRIO	**40** 91.224 **Zr** ZIRCONIO	**41** 92.906 **Nb** NIOBIO	**42** 95.95 **Mo** MOLIBDENO	**43** (98) **Tc** TECNETO	**44** 101.07 **Ru** RUTENIO	**45** 102.91 **Rh** RODIO	
55 132.91 **Cs** CESIO	**56** 137.33 **Ba** BARIO	57-71 **La-Lu** Lantanidi	**72** 178.49 **Hf** AFNIO	**73** 180.95 **Ta** TANTALIO	**74** 183.84 **W** WOLFRAMIO	**75** 186.21 **Re** RENIO	**76** 190.23 **Os** OSMIO	**77** 192.22 **Ir** IRIDIO	
87 (223) **Fr** FRANCIO	**88** (226) **Ra** RADIO	89-103 **Ac-Lr** Attinidi	**104** (267) **Rf** RUTHERFORDIO	**105** (268) **Db** DUBNIO	**106** (271) **Sg** SEABORGIO	**107** (272) **Bh** BOHRIO	**108** (277) **Hs** HASSIO	**109** (276) **Mt** MEITNERIO	

LANTANIDI

57 138.91 **La** LANTANIO	**58** 140.12 **Ce** CERIO	**59** 140.91 **Pr** PRASEODIMIO	**60** 144.24 **Nd** NEODIMIO	**61** (145) **Pm** PROMETIO	**62** 150.36 **Sm** SAMARIO

ATTINIDI

89 (227) **Ac** ATTINIO	**90** 232.04 **Th** TORIO	**91** 231.04 **Pa** PROTOATTINIO	**92** 238.03 **U** URANIO	**93** (237) **Np** NETTUNIO	**94** (244) **Pu** PLUTONIO

DEGLI ELEMENTI

			13 IIIA	14 IVA	15 VA	16 VIA	17 VIIA	18 VIIIA
								2 4.0026 **He** ELIO
			5 10.81 **B** BORO	6 12.011 **C** CARBONIO	7 14.007 **N** AZOTO	8 15.999 **O** OSSIGENO	9 18.998 **F** FLUORO	10 20.180 **Ne** NEO
			13 26.982 **Al** ALLUMINIO	14 28.085 **Si** SILICIO	15 30.974 **P** FOSFORO	16 32.06 **S** SOLFO	17 35.45 **Cl** CLORO	18 39.948 **Ar** ARGO
10	11 IB	12 IIB						
28 58.693 **Ni** NICHEL	29 63.546 **Cu** RAME	30 65.38 **Zn** ZINCO	31 69.723 **Ga** GALLIO	32 72.64 **Ge** GERMANIO	33 74.922 **As** ARSENICO	34 78.971 **Se** SELENIO	35 79.904 **Br** BROMO	36 83.798 **Kr** CRIPTO
46 106.42 **Pd** PALLADIO	47 107.87 **Ag** ARGENTO	48 112.41 **Cd** CADMIO	49 114.82 **In** INDIO	50 118.71 **Sn** STAGNO	51 121.76 **Sb** ANTIMONIO	52 127.60 **Te** TELLURIO	53 126.90 **I** IODIO	54 131.29 **Xe** XENO
78 195.08 **Pt** PLATINO	79 196.97 **Au** ORO	80 200.59 **Hg** MERCURIO	81 204.38 **Tl** TALLIO	82 207.2 **Pb** PIOMBO	83 208.98 **Bi** BISMUTO	84 (209) **Po** POLONIO	85 (210) **At** ASTATO	86 (222) **Rn** RADON
110 (281) **Ds** DARMSTADTIO	111 (280) **Rg** ROENTGENIO	112 (285) **Cn** COPERNICIO	113 (285) **Nh** NIHONIO	114 (287) **Fl** FLEROVIO	115 (289) **Mc** MOSCOVIO	116 (291) **Lv** LIVERMORIO	117 (294) **Ts** TENNESSIO	118 (294) **Og** OGANESSON

63 151.96 **Eu** EUROPIO	64 157.25 **Gd** GADOLINIO	65 158.93 **Tb** TERBIO	66 162.50 **Dy** DISPROSIO	67 164.93 **Ho** OLMIO	68 167.26 **Er** ERBIO	69 168.93 **Tm** TULIO	70 173.05 **Yb** ITTERBIO	71 174.97 **Lu** LUTEZIO
95 (243) **Am** AMERICIO	96 (247) **Cm** CURIO	97 (247) **Bk** BERKELIO	98 (251) **Cf** CALIFORNIO	99 (252) **Es** EINSTEINIO	100 (257) **Fm** FERMIO	101 (258) **Md** MENDELEVIO	102 (259) **No** NOBELIO	103 (262) **Lr** LAWRENTIO

ANGELO BRIZI

POLVERE DI STELLE

RELATIVITÀ

INDICE: "POLVERE DI STELLE"

PREFAZIONE

Il libro dei sogni…Da dove veniamo e dove andremo.
Cosa esisteva prima dello spazio del tempo e della luce?

La nostra mente può *"comprendere"*
un Universo vuoto, buio e illimitato?

Come può materializzarsi tutto dal nulla?

Ma perché esiste l'universo?

Siamo polvere di stelle del Big Bang.

Dedicato ai grandi pionieri della relatività.

Alla dottoressa Franca Maria de Rossi, Fisica e Scienziata, una delle menti più brillanti di questo secolo (per me l'erede più stretto di Albert Einstein), della quale ho potuto essere "alunno" purtroppo solo per un breve periodo.

"I VIAGGIATORI DEL TEMPO"
INTRODUZIONE AI GRANDI NOMI

Albert Einstein

Alcune delle scoperte che ci ha lasciato come patrimonio all'umanità:

- Definizione lasciata da Einstein di mente scientifica: *Una mente che dubita, che cerca, che scopre, che dimostra.*
- Nel 1905, coniuga tre fattori, la luce, la velocità, e l'energia nella Relatività ristretta con effetti rivoluzionari.
- A lui la paternità della famosa formula E=mc2 che converte massa e quadrato della velocità prossime alla luce, in energia.
- Nella sua rivoluzionaria teoria, alla velocità prossima a quella della luce il tempo si dilata e lo spazio si contrae.
- Famosissimo l'esempio dei due gemelli di cui uno Astronauta, che viaggia nello spazio alla velocità della luce, e l'altro a terra, l'astronauta scoprirà al suo ritorno, che misurando il tempo con il suo orologio, il tempo è rallentato rimanendo rispetto all'orologio del suo gemello a terra più giovane.
- 1915 l'anno della Relatività generale Accompagnata da una visione dell'universo completamente nuova.

- Lo spazio e il tempo non sono concetti separati come sostenevano i suoi predecessori, ma di una dimensione unica, lo spazio tempo.
- La sua teoria sostiene che non esiste più un solo spazio e un solo tempo, ma una moltitudine di spazi e tempi.
- La curvatura della luce dovuta alla gravità dimostrata nell'esperimento del 1919, condotto e conosciuto come Einstein */Eddington.*
- Il salto quantico che c'è stato nella visione della forza gravitazionale da Newton, e successivamente ad Einstein; Newton sostenne che la forza gravitazionale è la forza di interazione che agisce tra le masse (fisica classica). Einstein successivamente al modello proposto da Newton, disse invece che è la massa gravitazionale, che curva lo spazio e il tempo stesso(relatività).
- Se queste masse si muovono nella curvatura dello spazio (stelle binarie o stelle di neutroni ad alte velocità di rotazione,) producono oscillazioni di onde gravitazionali.
- Viaggiare a velocità della luce, sembra che per il futuro diventerà possibile.
- Per non violare i limiti vincolo della teoria della relatività, gli scienziati si sono imposti di costruire un'astronave senza propulsore, con motore a curvatura.
  Così facendo rimane inviolata la teoria della relatività, questo anche per il viaggio molto atteso su Marte, si pensa di alimentare il motore con l'energia e la materia stessa dell'universo.

Stephen Hawking

Guardando il cielo di notte, quanti di noi si sono chiesti da dove ha iniziato tutto.

Da un punto molto caldo dell'universo, che si è espanso con funzione quadratica. Immaginiamo la suddivisione della volta celeste vista dalla terra in meridiani e paralleli celesti, ogni piccola porzione di cielo compresa rappresenta ammassi di galassie.

Da dove nasce l'universo? Hubble[8] e Einstein credevano in una visione statica dell'universo.

"Ma un giorno si chiese", posso *tornare indietro nel tempo?* Il viaggio nel tempo è solo fantascienza?

Stephen Hawking, sosteneva che noi da soli siamo in grado di risolvere tutti i nostri quesiti. Capire il mistero e viaggiare nel tempo, la quarta dimensione, la teoria del tutto. L'universo ha 14 miliardi di anni ed esisterà per altri 28 miliardi. Come può essersi materializzato tutto dal nulla?

Come funziona e perché esiste?

Il passato il presente e il futuro, insieme!

L'effetto doppler per la luce. Se i nostri occhi diventassero più sensibili ai colori vedremmo le auto che sfrecciano dal rumore blu, quando si avviano verso di noi (osservatore) e rosso

---

[8] Hubble Edwin, astronomo e astrofisico statunitense, fu conosciuto nel 1929 come padre del fenomeno oggi chiamato "Red Shift", ovvero lo spostamento verso il rosso delle galassie. Poi chiamata *Legge di Hubble*. Questa legge ci permette di determinare che l'universo è in espansione omogenea.
Ci permette anche di determinare la velocità di allontanamento delle galassie. Hubble inoltre inventò un sistema di classificazione delle galassie, raggruppandole secondo contenuto, distanza, forma, dimensione, e brillantezza).

quando si allontanano. Anche le galassie si allontanano, come un palloncino che si gonfia.

Blocchiamo il tempo e riportiamolo indietro!

Riavvolgiamo il tutto, sempre più vicino fino all'origine, al punto da dove tutto ebbe inizio, fino a 13 miliardi 700 milioni di anni fa. Gli indizi furono le galassie, gemme luminose incastonate nella volta celeste. Molto tempo fa, un'esplosione originò l'universo. Un attimo prima, il buio. E poi un attimo dopo, un'esplosione *impossibile* di luce. Un attimo prima non esisteva un esterno, ma solo un dentro. Né tempo né spazio né luce. Poi tutto si espanse con l'esplosione immensa di radiazioni elettromagnetiche passando da un punto grande come un pisello fino a una arancia, e poi da lì tutto ebbe inizio. Successivamente l'energia si raffreddo e della materia e antimateria, solo poche particelle sopravvissero, poche particelle elementari da cui nacque tutto. Noi siamo polvere del Big Bang, tenute insieme grazie alla gravità, la prima forza fondamentale primordiale creatrice che addenso i gas (*di cui si sa al momento ancora molto poco*).

Al centro della galassia si pensa ci sia sempre un buco nero, il vero cuore delle galassie, considerato lo stabilizzatore supremo di galassie e stelle. Il buco nero nasce da un pozzo gravitazionale
Il nostro sistema solare iniziò con l'esplosione di una stella.
La spiegazione della nostra presenza, è che siamo dovuti al caso, per mezzo dell'evoluzione, siamo arrivati alla vita. Noi potremmo essere solo una, delle possibili razze dell'universo. Il nostro destino come razza umana è molto labile e precario.

Potremmo essere spazzati via da un asteroide. Ogni 100 milioni di anni un asteroide riduce la vita sulla terra. Nella nostra storia geologica, 65 milioni di anni fa sono stati spazzati via i dinosauri da una presunta collisione con un asteroide, o forse cotti da una supernova.

Se non annienteremo prima la terra, con armi nucleari, il sole ci cuocerà, la razza umana scomparirà, questo sarà il nostro destino. Tra 30 miliardi di anni tutta la materia si concentrerà in un unico punto, da dove tutto ha avuto inizio, *un buco nero, un Big Crunch.*

Per tenere in vita la razza umana, dovremmo imparare a viaggiare nello spazio e nel tempo in modo veloce e per lunghe distanze, migrare verso altri sistemi extra planetari provvisti di un sole; ho sentito dire che si vogliono portare le navi stellari a velocità di 90000 Km/secondo.

Stephen Hawking disse: *"Non rispettare le regole nei dettagli potrebbe essere una cosa buona".*

POLVERE DI STELLE

Il Teorema Cosmico, appartenente alla *"Teoria del Tutto"*,
tratto dal mio precedente libro:
Interazioni e Teorema Cosmico.

Partendo dal cerchio, considerata da sempre figura geometrica perfetta, mi sono permesso di elevare invece, stavolta l'ellisse a figura geometrica perfetta, dal cerchio figura considerata statica, all'ellisse considerata (forse solo da me) dinamica, in relazione con l'entropia da cui completata la sua maturazione può diventare anche dinamica con la divisione o scissione del centro del cerchio in due fuochi nell'ellisse, passando dalla figura geometrica del cerchio a quella dell'ellisse, vedi per esempio anche la scissione binaria (meiosi/mitosi), nella cellula appena fecondata dallo spermatozoo, da cui ha origine ogni cosa compresa la vita. Quindi la trasformazione dal cerchio all'ellisse (*potremmo leggerla anche come distanza contratta*), *presunta* forma considerata perfetta.

Visualizziamo ora, per esempio, la traiettoria che compie in modo spontaneo il boomerang, tra la fase del lancio e il suo rientro, e ancora…

Perché l'elettrone si esprime in forma ellittica o, se preferiamo, su *distanza contratta*?

Perché i satelliti celesti si muovono in forma ellittica?

Perché la luce è soggetta ad aberrazione o deflessione?

Assomiglia ad un'intelligenza segreta… o superiore.

Noto delle possibili correlazioni algoritmiche tra la formula del perimetro dell'ellisse, l'equazione dell'ellisse, il proprio periodo, l'eccentricità, il flusso di informazioni che intercorre tra le leggi di Keplero, Newton, e Einstein. Assaporo in queste possibili correlazioni naturali di armonia divina, qualcosa che profuma di eterno, questa forma che si ripete per esempio, nella natura spontanea del cosmo. Nello spazio non dovrebbero esistere percorsi rettilinei, neanche la luce percorre percorsi rettilinei in quanto anche la luce come previsto e dimostrato da Einstein subisce aberrazione e curvatura gravitazionale esercitata da corpi celesti dotati di notevole massa. Nella relatività generale, tramite la prova sperimentale effettuata da A. S. Eddington, fatta in Africa nel 1919, durante un'eclissi di sole, si notò che la posizione apparente di Mercurio deviava la luce dell'eclissi di sole, così come previsto dalla teoria della relatività. Se una nave stellare partisse da un punto definito per attraversare l'universo, probabilmente ritornerebbe allo stesso punto di partenza.

Per noi umani l'immortalità cose? Una dimensione dove il tempo non trascorre?

Nell'universo abbiamo questa condizione, in prossimità dell'orizzonte degli eventi, nei buchi neri. Un mondo dove la dimensione tempo è completamente relativistica, questo è dovuto alla immensa attrazione gravitazionale esercitata dalla massa del buco nero, che distorce lo spazio-tempo.

Sulla terra consideriamo la luce (radiazione elettromagnetica) una forma d'amore, una forma di calore che ci permette di vivere, al contrario invece, nello spazio inteso come spazio buio cosmico, dove l'assenza di luce, di calore o se vogliamo anche di "fotosintesi clorofilliana", con la conseguente produzione di ossigeno e assorbimento di anidride carbonica dalla pianta non ne potrebbe permettere l'esistenza.

Quindi è ancora valido il detto *"nulla rileva la natura del bene più pienamente della luce (amore)"*. Ritorniamo al tempo, o come previsto dalla relatività di Einstein, lo spazio-tempo. Esso è dovuto a delle perturbazioni gravitazionali provocate da corpi celesti con enorme densità. È come se, lo spazio dicesse alla materia come muoversi e la materia dicesse allo spazio come curvarsi.

La costante cosmologica prevista da Einstein, dovrebbe prevedere matematicamente sui movimenti dell'universo, se esso si sta contraendo o si sta dilatando.

Le continue conoscenze in campo scientifico possono portare a nuove scoperte. Se queste conquiste fossero riferite al fattore più piccolo (inteso come dimensione) Plank, o al più grande (inteso come velocità della luce) Einstein, esse potrebbero contribuire a spostare i cardini fissi della concezione del viaggio nel tempo, per approcciare uno spostamento nello spazio-tempo. La teoria della relatività prevede che la distorsione del tempo sia dovuta a onde gravitazionali causate dall' alta densità delle masse in gioco.

Personalmente non credo che sia possibile fare scopa per forza, in quanto le leggi che governano la vita non vanno come vorremmo noi, ma hanno un percorso indipendente dal nostro volere (Dio non gioca a dadi) come disse qualcuno. In questa essenza fondamentale deve esserci un fattore casuale asimmetrico, nella simmetria delle forze fondamentali, e indipendente forse da i concetti di massa e campo, o se vogliamo tra materia e forza "un fattore irreale?". In poche parole una nuova unità "fondamentale, ciclica subordinata alla struttura e la dimensione minima della *coscienza* (ricorda quasi un pacchetto quantico)". Come noi mortali siamo subordinati alla termodinamica, all'entropia, alle forme cicliche che si ripetono, come in un punto singolare sul perimetro dell'ellisse che si avvicina e si allontana ad uno dei fuochi, e si ripete ciclicamente per un tempo indipendente dal nostro volere ma su cui ci interfacciamo forse con la nostra *coscienza individuale*.

Einstein nella sua gioventù era tormentato da una domanda, se fosse riuscito a superare un raggio di luce cosa avrebbe visto?

Probabilmente il tempo passato, superando la velocità di un fotone che viaggia alla velocità della luce, potrebbe tornare al passato, secondo la teoria della relatività da lui coniata che ne fissa il limite invalicabile. Successivamente scopri che la velocità della luce non può essere superata.

Nella relatività ristretta, se si insegue un raggio di luce, cosa succederebbe se lo si raggiunge? Se osserviamo un corpo celeste i cui fotoni ci giungono alla velocità della luce 300000 km/sec, e questo corpo celeste si avvicinasse all'osservatore a 100000 km/sec, 300000+100000=300000 Km/sec, questo perché la velocità della luce non può mai essere superata, né sommata. Perché non può essere superata?

Perché allo stesso modo una navicella spaziale non può contare su una propulsione con accelerazione infinita. Quando si raggiunge la velocità della luce la massa diventa infinita come la resistenza che essa stessa genera, dimostrata da...

$$E=mc2$$

Cosa c'è di così speciale nella relatività ristretta?

Se immaginiamo un treno in corsa sui suoi binari e un omino che corre sul tetto del treno, e ci poniamo la domanda: a che velocità corre l'omino sul treno? Dipende dalla posizione assunta dall'osservatore, se l'osservatore sta sul treno che va a 100 km/ora, e l'omino corre a 4 km/ora, l'osservatore vedrà correre l'omino a 4 km/ora, se l'osservatore è a terra, vedrà correre l'omino a 100+4 km/ora, se l'osservatore è sulla luna vedrà correre l'omino a 3700+104 km/ora, se l'osservatore è sulla stella Vega a 20000+104 km/ora.

Attualmente sulla stazione spaziale, è in corso un esperimento, è stata selezionata una coppia di gemelli con parametri e caratteristiche simili, se non uguali, uno come astronauta lavora sulla stazione spaziale, e uno è rimasto sulla terra come civile, per verificare se ci sono dei possibili cambiamenti genetici o altro, dovuti alle radiazioni cosmogeniche e altre complicazioni dovute all'assenza di gravità (atrofizzazione muscolare e perdita di densità nelle ossa). Einstein predisse che se una persona normale avesse viaggiato nello spazio per un tempo X alla velocità della luce, al suo ritorno sulla terra avrebbe trovato tutti i suoi coetanei al cimitero, perché per l'astronauta, a quelle condizioni di viaggio, il tempo rallenterebbe di svariati anni. In prossimità di una stella il tempo avrebbe rallentato lo stesso. Se potessimo esaminare il tempo di un atomo situato su una stella, vedremmo che il tempo trascorre più lentamente di un atomo dello stesso elemento sulla terra. Le onde emesse da una stella hanno un periodo più lungo, dato da $T=1/f$ crescendo T(periodo) diminuisce f (frequenza).

Se invece il viaggio fosse fatto in corrispondenza di un buco nero il tempo si sarebbe forse fermato. A causa di un'implosione di una stella, la luce emessa si sposta verso la frequenza del rosso, la luce diventa sempre più debole, fino a ché lo spettro si annulla, diventando troppo scura per poter essere vista, lasciando dietro sé solo il suo sorriso, fino a quando la luce dell'esplosione arriva sulla terra, dopo un tempo X dovuto alla sua distanza dalla terra, e nel mentre la stella forse è sparita già da un pezzo, e ne prende il posto un enorme attrazione gravitazionale (buco nero).

Avvicinarsi a un buco nero moltiplica la frenata temporale che si apprezzava già nelle vicinanze della superficie di una stella. In altre parole avvicinandoci al suo orizzonte degli eventi il tempo rallenta fino a fermarsi e allontanandoci di colpo a velocità elevate potremmo essere proiettati forse nel futuro.

Al momento sembra impossibile coniare una formula, ma prevedo dei fattori che potrebbero essere coinvolti. Sono tre le interazioni elettromagnetiche, subordinate al campo, la quarta mancante apparterrebbe alla massa, ma c'è una forza ancora che potrebbe non appartenere alle leggi fisiche conosciute, ma forse ci si interfaccia.

Il pensiero nella *mente* crea azione, intervenendo sulla manipolazione della materia.

Riporto un esempio stupido, per esempio quando scrivo una nota sulla mia agenda di una cosa che dovrò fare, questa attività parte dal pensiero che è una causa, che tramite l'azione e il movimento produce l'effetto, e si trasmuta in materiale o se vogliamo reale. Che magari ci siano anche altre forme di forze che tramite interfaccia dualistici fra *coscienza* e materia non possono essere controllabili dalla *mente,* gestendosi in modo indipendente?

Questo nuovo fattore forse è subordinato all'entropia del sistema, all'ellisse, allo spazio-tempo, o qualcosa di molto simile alla dimensione della *coscienza*.

Si presume che noi viviamo nel nostro mondo a tre dimensioni più il tempo, che a sua volta è immerso nell'iperspazio dell'universo tramite la presenza di possibili infiniti universi paralleli.

La teoria delle stringhe servirebbe a connettere matematicamente le scale di dimensione macroscopica a quelle di dimensione microscopica. Visto che le due scale potrebbero essere attinenti e forse probabilmente collegate, ma ora si è passato a cercare le risposte dal microcosmo sulla terra al macrocosmo nello spazio, tramite il moto dei pianeti e l'ubicazione di oggetti celesti nel sistema solare. Per riscontrare se quanto previsto nella teoria delle stringhe, risulta dimostrabile.

La natura ricorre a delle forme autonome, dinamiche e indipendenti, quali ad esempio... frattali, toroidi, spirali, ellissi o ellissoidi. L'equazione dell'ellisse, l'equazione della possibilità di vita in altri universi, la nascita, la morte e chissà forse un ritorno. Come la storia si ripete, anche lo spirito può ripetersi. La gravita, la legge di Coulomb, la legge di gravitazione universale ci mantengono uniti forse per far progredire la specie tramite l'amore, nella dimensione elementare e fondamentale della *coscienza collettiva* nella "gravità-tempo-ellittica"? È questa la componente casuale probabilistica, perpetua?

Nella fase successiva al trapasso, risultando una costante, mancano sempre 21Gr all'appello, *Difetto di Trasmutazione*?

Potremmo riuscire a prevedere forse un possibile ritorno della nostra coscienza sulla terra? Oppure, magari in altri mondi?

L'Universo si espande e si contrae, questa potrebbe essere la relazione con la costante cosmologica prevista da Einstein. La forza dovrebbe risultare di natura ciclica, come la presunta pulsazione del cosmo fin dalla notte *dei* Big Bang, dove la massa si ritrasse ed esplodendo nuovamente, diede iniziò al formarsi dello spazio e del tempo.

Espansione dell'universo

Fra le scoperte compiute dall'astronomia negli ultimi decenni, ve né una sconcertante che giunge a confermare alcune predizioni teoriche derivate dalla teoria di relatività generale di Einstein, pubblicata nel 1915. L'astronomo De Sitter, direttore dell'Osservatorio e professore di Astronomia all'Università di Leida, preconizzava nel 1917 che secondo la teoria v'era da attendersi di "vedere i più lontani oggetti celesti allontanarsi da noi". Ma a quell'epoca erano conosciute soltanto tre velocità radiali di nebulose; ossia solo per tre di esse era stata determinata la componente della loro velocità secondo la direzione del raggio visuale direttovi, e con dati ancora cosi scarsi non si sarebbe potuto né confermare né negare la stupefacente proprietà assegnata teoricamente all'universo dal De Sitter. La prima serie importante di misure fu effettuata dal prof. W. M. Slipher dell'Osservatorio Lowell, che nel 1922 aveva già determinato le velocità radiali di 40 nebulose spirali e stabilito positivamente che, salvo le quattro più vicine a noi, le rimanenti 36 possedevano una velocità di allontanamento. Gli astronomi Hubble e Humason dell'Osservatorio di Monte Wilson, approfittando della maggior potenza del telescopio di cui disponevano, estesero le misure di Slipher alle nebulose più lontane; e Hubble nel 1929 scopri che la velocità di allontanamento è direttamente proporzionale alla distanza da noi cui si trovano le nebulose spirali. Dopo d'allora le misure furono proseguite su nebulose spirali ancora più lontane di quella della costellazione del leone e su gruppi molto deboli che si trovano nella costellazione dei Gemelli a una distanza di 150 milioni di anni luce, sono state determinate velocità di allontanamento di 25000 Km/secondo. Dai dati di Hubble risulta, per la velocità media di allontanamento, il valore di 170 Km/secondo per milione di anni luce o, per essere astronomicamente più esatti, circa 500 Km/secondo per ogni parsec di distanza, equivalendo il parsec a 3,26 anni luce. Ossia, una nebulosa spirale situata a un milione di anni luce di distanza si allontanerebbe da noi alla velocità di 1700 Km/secondo e così via; alla distanza di 1765 milioni di anni luce si allontanerebbe con velocità di 300000 Km/secondo, che è precisamente la velocità della luce nel vuoto. Ma appunto perciò non sarà mai possibile avere la minima conoscenza di astri posti a distanze superiori a 1765 milioni di anni luce: infatti qualsiasi raggio luminoso emanato da essi non potrebbe raggiungerci, perché la sua sorgente si allontanerebbe con velocità maggiore di quella del raggio stesso. Prima di queste osservazioni nulla si opponeva a supporre che l'Universo fosse infinito e che, con il perfezionamento tecnico dei nostri strumenti, sarebbe aumentato il campo delle osservazioni possibili. Oggi ci troviamo a dover dire, sia finito o no, per la nostra conoscenza resterà sempre finito perché non potremmo osservare nulla al di là dei 1765 milioni di anni luce, anche supponendo di poter giungere, con un telescopio ultrapotente, a scorgere nebulose a quella distanza. Ma questa considerazione non è tale da decidere la questione, né è sufficiente a cambiare la concezione preconcetta della reale infinità di estensione dell'Universo.

Tuttavia, indipendentemente dall'osservato fenomeno dell'allontanamento delle nebulose spirali. Einstein era giunto, come conseguenza della sua teoria di relatività generale, alla concezione di un Universo finito, ma illimitato, con spazio e curvatura positiva (di Riemann) calcolabile in coordinate di Gauss come continuo spazio - temporale. Un modello intuitivo di un'entità siffatta ci è dato dalla superficie sferica che è finita ma illimitata e sulla quale un punto mobile come un oggetto o un viaggiatore movendo sempre diritto innanzi a sé descriverebbe una circonferenza che lo riporterebbe al punto di partenza. In questa concezione einsteiniana dell'universo la densità media della materia in esso contenuta era considerata, per quanto molto piccola, finita. Per densità media si intende la massa per unità di volume, se tutta la materia contenuta nelle nebulose spirali si disperdesse uniformemente nell'universo finito. Abbiamo detto che essa risulterebbe molto piccola: corrisponderebbe a un grado di vuoto un miliardo di volte più spinto del massimo che si possa ottenere in un tubo con i mezzi di un laboratorio di fisica. Il De Sitter nel 1917, tratto invece il problema supponendo nulla la densità media, e studio così il caso dell'universo vuoto. Per entrambi le ipotesi si trattava però di risolvere un problema: nell'ipotesi di Einstein occorreva trovare modificazioni di questa uniforme distribuzione di densità della materia atta a giustificare la sua concentrazione in galassie isolate; in quella del De Sitter occorreva giustificare la presenza delle varie nebulose in virtù dell'espansione. Non conoscendosi il valore della densità e non essendo ancora scoperto il movimento delle nebulose spirali, il dilemma non poteva essere sciolto; solo qualche anno dopo si poté affermare che né l'una né l'altra ipotesi erano esatte, né corrispondevano nell'universo reale il quale comprende, insieme, materia e movimento.

La costante cosmica di Einstein

La concezione di un universo infinito poneva difficoltà ed era in contraddizione con le conseguenze
della teoria di relatività generale. La difficoltà fu risolta da Einstein in modo semplice e radicale con l'aggiunta di un termine che influiva nell'applicazione delle equazioni soltanto a grandi distanze, essendo inapprezzabile tuttavia per le distanze uguali al diametro della Via Lattea. Questa aggiunta sopprimeva le difficoltà nelle sue cause, poiché l'Universo dedotto dalle equazioni modificate risultava non infinito, bensì finito e illimitato. Questo termine fu chiamato termine cosmico e conteneva una costante, chiamata anche costante cosmica, che Einstein suppose essenzialmente positiva. Tanto che nella soluzione di Einstein quanto in quella di De Sitter il significato fisico di questa costante era che il suo valore della radice quadrata del suo inverso esprimeva il raggio di curvatura dell'Universo. Per di più il termine che figurava nella legge di gravitazione di Einstein prima della modificazione significava un'attrazione delle masse che, salvo per velocità prossime a quella della luce sarebbe uguale a quella che avrebbe luogo fra le masse stesse secondo le leggi di Newton: ossia, la costante contenente questo termine era la stessa costante di gravitazione della legge newtoniana. Al contrario, il termine cosmico aggiunto da Einstein alla sua legge di gravitazione significa una repulsione direttamente proporzionale alla distanza fra le due masse materiali, che si somma nella legge einsteiniana più generale alla forza di attrazione inversamente proporzionale al quadrato della distanza fra le due masse.

La forza repulsiva, che è proporzionale alla costante cosmica, non si manifesta neppure alle distanze fra le stelle di uno stesso sistema galattico, il che ci dice che la costante cosmica, il cui valore non è noto dalla teoria e che solo l'osservazione può stabilire come è noto del resto per la costante di attrazione della legge di Newton, deve essere molto piccola. Per conseguenza, soltanto la forza repulsiva potrebbe avere un valore sufficientemente grande a distanze superiori alle maggiori che si possano trovare nelle nebulose spirali, cioè alle distanze cui si trovano, separate dette nebulose. Siccome l'altra forza che si esercita fra esse, quella attrattiva, è tanto più debole quanto maggiore è la distanza, a misura che i sistemi materiali sono più lontani, la forza repulsiva è maggiore di quella attrattiva e quando la prima supera la seconda si avrà una repulsione, che sarebbe inesplicabile con la sola antica teoria della gravitazione di Newton.

Gli Universi

Seguendo un ragionamento di Eddington potremmo ora immaginare una serie di tipi di universo intermedi fra quello di Einstein e quello di De Sitter. Nell'Universo di De Sitter, dice Eddington, la materia ha una densità estremamente piccola e l'attrazione sarà trascurabile. La repulsione cosmica agisce senza alcun contrasto e abbiamo la massima possibile velocità di espansione del sistema. Quando introduciamo nel problema più materia, le azioni mutue di gravità aumentano la coesione del sistema e si oppongono alla sua espansione. Più aumenta la materia e più lenta avverrà l'espansione. Esiste un valore particolare della densità per il quale l'attrazione newtoniana che si esercita fra le galassie è giusto abbastanza forte quanto basta a controbilanciare la repulsione cosmica, e la repulsione si annulla. Si ha cosi l'universo di Einstein. Se aggiungessimo ancora più materia, l'attrazione supererebbe la repulsione ed otterremmo un modello di Universo in contrazione. Abbiamo così una serie di modelli dell'Universo e fra essi si può scegliere quello più adatto alla realtà attuale che sembra essere di espansione e perciò di diminuzione continua della densità. Come conseguenza interessante dal punto di vista cosmogonico si ha la liceità di supporre uno stato iniziale in cui tutta la materia fosse distribuita uniformemente in uno spazio sferico, costituendo un Universo statico di Einstein. Questo universo sarebbe stato in equilibrio instabile e una leggera perturbazione avrebbe distrutto questo equilibrio in modo irreversibile, originando una espansione sempre più grande. Peraltro, se la perturbazione si effettuasse nel senso opposto, si avrebbe una contrazione. Ora, le osservazioni sembrerebbero indicare che la fase attuale sia, per appunto quella di espansione. Ma quali cause potrebbero aver indotto questa perturbazione?

Possiamo ipotizzare la trasformazione della materia in radiazioni in alcuni luoghi dell'Universo; ma siccome a parità di massa la radiazione esercita un'attrazione gravitazionale più intensa di quella della materia, essa potrebbe dar luogo a una contrazione, e non a una espansione. Si può anche pensare a formazioni locali di materia, che ne altererebbero la sua distribuzione uniforme nello spazio sferico. In prima approssimazione, il calcolo dimostra che le condensazioni non altererebbero l'equilibrio; ma se spingiamo a maggior profondità gli sviluppi matematici il che presenta grandi difficoltà tecniche si giunge a determinare termini che produrrebbero la modificazione delle condizioni di equilibrio nel senso dell'espansione. Questa investigazione fu fatta dal Lemaitre il quale cosi giunse a concludere che la pressione è il fattore capitale della instabilità di un Universo statico; se la pressione in questo fosse rigorosamente nulla, l'espansione non comparirebbe. Ma se la pressione (energia cinetica) non è nulla, una qualsiasi diminuzione di essa provocherà l'espansione. Con la teoria del Lemaitre l'Universo nel suo complesso potrebbe essere considerato come un gas che subisce una espansione adiabatica e pertanto diminuisce di pressione. Le molecole di questo gas sarebbero le galassie. Prima dell'espansione, queste possederebbero velocità proprie in una infinità di direzioni, ma, una volta iniziata l'espansione, a queste velocità proprie si sommerebbero le relative velocità di allontanamento. Secondo le idee di Lemaitre questa legge è una statistica, come tutte quelle della teoria cinetica dei gas, e quindi valida per valori medi; perciò non ci deve stupire se in questo gas galattico considerando individualmente le sue nebulose-molecole, incontriamo in talune di esse velocità solo approssimativamente rispondenti, che non seguono rigorosamente la proporzionalità con la distanza. Potrebbe sorprenderci, se mai, che queste deviazioni rispetto alla legge non si verifichino con maggiore frequenza; ma anche a ciò è facile trovare una spiegazione con considerazioni che tralasciamo.

Una serie di difficoltà all'ipotesi di Lamaitre è data dal fatto che, se calcoliamo il tempo di inizio delle concentrazioni di massa e del relativo squilibrio iniziale cosa facile, poiché si conoscono le velocità radiali delle nebulose troviamo per risultato uno o due milioni di anni, mentre il tempo di evoluzione delle stelle è ritenuto di miliardi di anni. Il che significherebbe che le stelle figlie sono miliardi di volte più vecchie del padre, cioè dell'Universo in espansione. Questa è un'altra complicazione che si aggiunge alle tante altre di cui è irta la teoria della evoluzione stellare; e sembra sia maturo il tempo di rivedere completamente le attuali concezioni, introducendovi come condizione prima una velocità molto maggiore di quella fin qui supposta per l'evoluzione stellare. Per ripetere le parole di Lemaitre, ci abbisogna una teoria da fuochi di artificio: i due miliardi ultimi di anni testimonierebbero una evoluzione lenta, quella delle ceneri e del fumo d'artificio brillante ma molto rapido.

DOVE VA L'UNIVERSO?

Bisogna ricordare, da ultimo, che Einstein nel 1932, tenendo conto dei risultati di Hubble sulle velocità di allontanamento delle nebulose ha dimostrato che l'Universo potrebbe avere struttura diversa da quella chiusa adottata originariamente da lui stesso e dal Lemaitre. Inoltre le equazioni di Einstein risultano valide anche nel caso di uno spazio infinito in tutte le direzioni purché le distanze fra le masse si dilatino seguendo una certa legge. Ne allo stato attuale delle conoscenze possiamo asserire, come nella primitiva teoria einsteiniana, che un valore di densità diverso da zero richiede per essere stabile un Universo chiuso, tuttavia neppure si può negare che lo sia, ma in tal caso il suo raggio di curvatura dovrebbe essere considerevolmente maggiore di quanto supposto. Riassumendo la teoria non ci consente di asserire che l'Universo sia finito o infinito, ma l'osservazione ci porterebbe ad ammettere che esso si dilata. Ma, finito o infinito che sia, dove va questo universo? Si dirige verso la sua distruzione o verso uno stato stazionario? Oppure descrive cicli di invecchiamento o di ringiovanimento, passando periodicamente per stati analoghi a quello attuale? Lo stato delle attuali conoscenze non ci consente altre possibilità che quelle di ipotesi, che potranno essere respinte, o accolte, o modificate, in base ai dati di osservazione che saranno accumulati in futuro. Circa l'ipotesi dei ricorsi ciclici, che ha una grande forza di suggestione specie in chi non è specificamente approfondito nella materia, cosa che potrebbe facilmente indurre a slittamenti metafisici, occorre accennare che una tale idea si ritrova già nella filosofia greca ed essa fu sostenuta persino da Emanuele Kant in tempi molto lontani (1755) e ripresa da Nietzsche che fa dire a Zarathustra: "tutti gli stati che questo mondo può raggiungere, li ha raggiunti e non solamente una volta, bensì un numero infinito di volte. Come è in questo momento lo fu già prima, molte volte, e tornerà a essere lo stesso quanto tutte le forze saranno esattamente ripartite come oggi". Più recentemente ancora, l'idea del "Ritorno eterno" nella filosofia della fisica fu accolta dal filosofo Abel Rey. Ma queste concezioni appartengono a una di quelle filosofie che, come dice Philipp Frank, non conducono a comprendere né ad adottare le teorie attuali della fisica anzi in generale, si oppongono al progresso delle scienze sperimentali. Né le avremo ricordate se non per contrapporvi due concezioni strettamente scientifiche dovute al Nernst e all'Arrhenius le quali sebbene incomplete e ardite per i tempi in cui furono enunciate, appaiono oggi, alla luce dei progressi scientifici più recenti, sempre più giustificabili, se non ancora completamente attendibili. Nernst suppone che l'energia di radiazione lanciata continuamente dalle stelle nello spazio possa trasformarsi in alcuni luoghi in atomi di peso atomico elevato, che riunendosi in nebulose diano luogo a una nuova evoluzione. Dopo la scoperta del positrone (C.D. Anderson, 1933) si è constatato che l'energia stellare irradia i nuclei atomici con raggi gamma ad alta energia che ne vengono emesse coppie formate da un elettrone positivo e uno negativo, vera trasformazione di energia in materia, tanto che fu per essi proposto il nome di "elettroni di materializzazione". D'altra parte, una ipotesi di Fermi circa l'origine dei protoni primari da cui derivano i raggi cosmici, sostenuta da ipotesi da Bragg e Biermann, parte dal principio della presenza, assodata dagli astrofisici negli spazi interstellari, di una materia cosmica di densità estremamente piccola: un nucleo di idrogeno per ogni centimetro cubo, mentre nel vuoto più spinto dei laboratori fisici si contano ancora decine di miliardi di molecole per centimetro cubo. Questa materia cosmica è addensata in nubi di dimensioni di migliaia di miliardi di chilometri e si muove molto lentamente (circa 30 Km l'ora); il moto dei suoi atomi, ionizzati dalle radiazioni luminose che si incrociano nello spazio, accompagnato cosi da quello di cariche elettriche che genera campi magnetici estremamente complessi e variabili. I protoni (atomi di idrogeno ionizzati) sotto l'influenza di questi campi magnetici vengono deflessi e accelerati acquistando energia. L'ipotesi di Nernst appare dunque oggi tutt'altro che improbabile. Secondo Arrhenius l'energia che si sprigiona dalle stelle si rigenera nelle nebulose; la pressione di radiazione respingerebbe dalle stelle particelle piccolissime di materia che, dopo un periodo di tempo più o meno lungo, si riunirebbero in meteoriti i quali, penetrando nelle nebulose, farebbero da centri di condensazione, germi di nuove stelle. Non tutto il contenuto dell'ipotesi di Arrhenius, appena accennato, può dirsi oggi sorpassato. Si può affermare, in ultima analisi, che il meccanismo evolutivo e il dinamismo dell'universo sono fenomeni estremamente complessi, di cui non siamo ancora in grado di discernere le fasi, né cogliere la risultante globale. Si comincia però a intravedere, nelle indagini sui raggi cosmici e sui fenomeni della fisica nucleare, molti spunti che, classificati e completati ulteriormente, potranno con probabilità condurre a una costruzione logica, ancorata ai dati dell'esperimento e dell'osservazione, dell''universo e della sua evoluzione. Ma oggi, a tirar le somme, sarebbe arrischiato formulare conclusioni.

Obiezioni alla teoria dell'espansione

Molte e fondate obiezioni vengono oggi mosse alla teoria dell'espansione dell'Universo. Intanto, misure più esatte hanno abbassato considerevolmente il tasso di velocità radiale, portandolo a 400 Km / secondo per Parsec. Di queste obiezioni, alcune suppongono che la velocità di allontanamento delle nebulose sia reale, ma spiegabile altrimenti, altre suppongono invece che questa non esista, sia soltanto un'apparenza.

Fra le prime è l'ipotesi di Eigenson che si basa sulla diminuzione delle loro forze attrattive, da cui, si dimostra teoricamente, conseguirebbe il loro allontanamento, e per l'appunto a velocità crescente come la distanza. Ma l'astronomo Armellini calcolò che per giungere a velocità di 150-200 Km/secondo per anno luce di distanza (400-500 Km per parsec) la perdita di massa dovrebbe corrispondere a oltre diecimila calorie per grammo, mentre l'osservazione di quantità di calore molto più piccole: nel Sole, ad esempio è soltanto di due calorie per grammo. Vi è poi l'ipotesi della repulsione cosmica ispirata dalla teoria di relatività, cui abbiamo accennato, sostenuta dal Vogt. Secondo una terza ipotesi una detta "cosmogonica", le nebulose si sarebbero formate all'incirca contemporaneamente a avrebbero avuto velocità diverse; quelle con velocità radiale negativa (di avvicinamento) si sarebbero unite e confuse con la Via Lattea; quelle con velocità radiale positiva si sarebbero disperse nello spazio e, naturalmente, la loro distanza risulterebbe all'ingrosso proporzionale alla velocità con cui si sono allontanate. Questa ipotesi è sostenuta da Burns, Milne e molti altri ed è notevole per la estrema semplicità. Fra le ipotesi che considerano apparenza l'allontanamento delle nebulose ve ne sono due estremamente suggestive e interessanti. Secondo la prima, vi sarebbe una perdita di energia nei fotoni (quanti di luce) che attraversano lo spazio dalle nebulose a noi. I fotoni hanno una energia direttamente proporzionale alla frequenza d'onda della luce che li genera. Se ammettiamo che essi perdano nel tragitto parte dell'energia per urti contro elettroni o simili, la loro lunghezza d'onda aumenterà e perciò le loro righe spettrali appariranno spostate verso il rosso. Maggiore essendo la perdita, quanto maggiore è lo spazio attraversato, lo spostamento delle righe crescerà in proporzione. Questa ipotesi, che è la più probabile, è sostenuta da scienziati di grande valore, il Mac Millian, il Comas Sola,il Belopolsky, ecc. Da ultimo, accenniamo alla seconda ipotesi esplicativa di questo tipo, la quale si fonda su considerazioni relativistiche. Una delle conseguenze della teoria di relatività ristretta di Einstein è che il tempo è relativo alla velocità. Il fisico Paul Langevin addusse un celebre esempio supposto che un viaggiatore ipotetico abbandoni la Terra a bordo di un razzo alla velocità di 15 Km al secondo e si allontani in linea retta per un anno, per poi tornare indietro, egli, senza notare nulla di anormale misurando il tempo sul suo orologio, dopo due anni troverebbe al suo ritorno la Terra invecchiata di due secoli e abitata da popolazioni di più generazioni nate durante il suo viaggio. Per chi conosce, almeno nei risultati conclusivi, la teoria di relatività ristretta, ricorderemo che il tempo t' da lui vissuto dopo la sua partenza sarebbe, relativamente al tempo trascorso sulla Terra.

Ora, se noi pensiamo che la luce che ci giunge dalle nebulose extragalattiche ha viaggiato per un intervallo di tempo tanto maggiori quanto maggiori sono le distanze; se cioè noi teniamo presente che in questi intervalli di tempo i fenomeni naturali si siano accelerati ossia che il tempo si sia contratto rispetto ai fotoni, che sono i viaggiatori di Langevin è chiaro che le lunghezze d'onda odierne sulla Terra risulteranno minori delle lunghezze d'onda antiche dei fotoni extragalattici; e così, paragonando "luce vecchia" con "luce fresca" troveremo le righe di quella spostate verso il rosso.

Dobbiamo però avvertire che queste spiegazioni non sono incompatibili con la realtà di una espansione dell'Universo, né quest'ultima è in contraddizione con la realtà di una successione di espansioni e di contrazioni alternatesi in un Universo che pulsa, il quale può sussistere logicamente chiuso, finito e illimitato secondo una curvatura negativa.

Cosmologia moderna

Intesa come interpretazione dell'Universo e delle sue leggi sulla base empirica di osservazioni cui si sono sovrapposte costruzioni filosofiche e metafisiche, la cosmologia è la scienza antica come l'astronomia. La prima teoria dell'Universo generalmente accettata fu quella di Aristotele che risale al IV secolo a.C. e resse fino alla reazione del pensiero rinascimentale in Copernico, il quale del resto non era esente da alcune residue concezioni metafisiche.

La cosmologia moderna, intesa come scienza generale dell'Universo in tutte le sue parti, leggi e strutture nei limiti di quanto sia stato reso noto mediante l'osservazione e la misura scientifica, è molto più giovane, e le sue prime affermazioni può dirsi che abbiano inizio con le osservazioni di Halley del 1718 sul moto delle stelle fisse e con William Herschel, soprattutto, il quale sviluppò le prime concezioni dell'Universo siderale, con l'ipotesi della gravitazione universale formulata da Newton, primo tentativo di descrivere la formazione dell'Universo, per giungere fino alle moderne osservazioni e teorie, le quali hanno provato che lo spazio è occupato da uno sterminato numero di galassie che si estendono fino al di là degli attuali limiti dell'osservazione.

La scoperta della recessione delle galassie pose delle questioni alle quali è molto difficile rispondere. Che l'Universo si espanda è la naturale interpretazione degli spostamenti Doppler, osservati nelle righe dello spettro delle più lontane galassie, i quali aumentano proporzionalmente alla loro distanza.

Dopo formulata la teoria generale di relatività, essa fu applicata all'Universo come un tutto. Einstein e l'astronomo De Sitter elaborarono matematicamente degli universi possibili i quali sarebbero statici, ossia resterebbero invariati nel corso del tempo. Ma vi era una importante differenza fra i due Universi. Nell'universo di De Sitter si avrebbe un'apparente recessione di oggetti remoti, mentre ciò non avviene nell'Universo di Einstein.

Ma quello di De Sitter potrebbe esistere soltanto in assenza di materia. La differenza fra i due modelli fu riassunta nella affermazione che il mondo di Einstein reca materia ma è privo di moto, mentre quello di De Sitter reca moto e non materia.

In seguito però, è stato provato che un Universo statico in accordo con la teoria della relatività non sarebbe stabile; la più leggera perturbazione causerebbe il distacco dalla sua condizione statica: dovrebbe allora espandersi o contrarsi. Il dato di fatto proveniente dall'osservazione è però soltanto quello dell'espansione. Si supponga ora che l'Universo sia esistito soltanto per un tempo finito. Retrocedendo nel tempo, le galassie si avvicineranno sempre più una all'altra, fino ad ammassarsi in una parte di spazio sempre più ristretta. Ciò sarebbe avvenuto molte migliaia di anni fa; il come sia incominciato questo stato di cose e come sia iniziata l'espansione, sono domande puramente ipotetiche, cui non è possibile dare risposta. Secondo il Lemaitre, come abbiamo già detto nel capitolo precedente, si suppone che l'Universo sia derivato da un singolo atomo primordiale il quale conteneva tutta la materia. Tale atomo dovette essere costituito e non poté esistere per più di un attimo. Queste teorie implicano che l'Universo esista soltanto da un tempo finito, ancorché da inserirsi in milioni di anni. Lo dimostra la durata della vita che deve essere anche essa finita, perché l'Universo secondo Carrington è come un orologio che è stato scaricato e va scaricandosi. Le stelle continuano a irradiare consumando la propria provvista di energia nucleare; con il tempo questa energia sarà tutta irradiata e ciò segnerà in un certo senso la fine dell'Universo. L'espansione porterà le galassie una ad una al di là del limite di osservazione. Dopo circa 10 milioni di anni, la nostra galassia, per quanto ci può dire l'osservazione, si troverà isolata nello spazio. L'Universo perciò non può essere esistito per un tempo infinito, a meno che si sia prodotta una progressiva creazione di materia seguita dalla formazione delle galassie. Ed è questo il punto di vista assunto quando si parla della teoria statica dell'Universo che conta oggi autorevoli sostenitori, fra cui gli astronomi Gold, Bondi, Hoyle.

Esso avrebbe lo stesso aspetto visto da ogni punto, fatta eccezione per irregolarità locali. È questo il "principio cosmologico". Si può formulare un'altra ipotesi: quella dell'Universo che presenti lo stesso aspetto noto da ogni parte di ogni tempo: e questo venne detto il perfetto principio cosmologico. Se questo principio è vero, l'Universo deve essere esistito da un tempo infinito. Circa l'espansione progressiva, siccome tale espansione deve risultare da una diminuzione continua nella densità media della materia dell'Universo, un cambiamento progressivo deve avverarsi nella sua apparenza, a meno che non esista una continua creazione di materia con andamento sufficiente a compensare la sua riduzione di densità. Ne seguirà necessariamente che l'Universo resterà per un tempo infinito nel futuro. La materia creata, presumibilmente in forma di atomi di idrogeno, si addenserà via via in nuvole locali dalle quali si evolveranno stelle e galassie; queste compenseranno quelle che passano al di là dei limiti di osservazione. Le ricerche future ci porteranno a decidere quale fra le due alternative cosmologiche: il modello evolutivo, le sole che oggi possono essere prese in considerazione, sia in effetti quella reale[9].

---

[9] Tratto da: Angelo Brizi in *Interazioni e Teorema Cosmico.*

ALCUNE CURIOSITÀ

- L'interpretazione del tempo da parte della comunità scientifica: "c'è chi dice che è 0, e chi dice che è infinito". Applicando una visione relativistica vediamo che esiste un tempo umano, uno geologico, uno dell'universo, uno per il protone, solo in presenza di un buco nero il tempo tende a rallentare o in gergo a fermarsi, e il Big Bang da cui ha avuto inizio e concorda con il pensiero relativistico di Einstein/Hawking.

- La visione di Dio nella comunità scientifica rimane molto incerta, c'è chi dice che dio esiste e mette punto, e chi dice che dio non esiste e mette punto, ma in realtà Dio disse "non nominare il nome di Dio invano", nella comunità scientifica parlare di dio è come usare il jolly quando non hai dati a dimostrazione e supporto di teorie e dimostrazioni scientifiche. Le parole di Albert Einstein sono state: la scienza senza la religione è zoppa, la religione senza la scienza è cieca. Quindi si evince che meno si nomina e si tira in ballo, e meglio è, la verità potrebbe porsi in mezzo, però questi pensieri che ti tormentano da dove vengono, poi uno se lo chiede, da qualche parte devono venire.

- Si crede che ci sia qualche cosa nel campo della meccanica quantistica, che in qualche strano modo viva in simbiosi collimando a miliardi di anni luce con la materia, a velocità istantanea, (numeri quantici) quindi che viaggi anche con valori superiori di tre zeri alla velocità della luce.

- Un'altra curiosità sulla relatività: due inquilini che abitano nello stesso palazzo, uno al primo piano e uno all'ultimo, dotati entrambi nelle loro abitazioni di due orologi atomici sincronizzati, essi potrebbero scoprire alla fine della loro esistenza, che nell' orologio atomico dell'inquilino del piano in alto il tempo è trascorso più velocemente di quello del piano in basso, quindi è invecchiato di circa 1 o 2 secondi in più rispetto all'orologio del inquilino del piano di sotto, nel corso della loro esistenza.

BIBLIOGRAFIA

ISTITUTO GEOGRAFICO DE AGOSTINI, *Gli Scienziati*, Novara 1974

ZICHICHI A. *L'irresistibile fascino del tempo*, Tropea Milano 2011

EINSTEIN A. *Come io vedo il mondo, grandi tascabili*, Bologna, 1975

DE FLORENTIIS G. *I Pianeti e le stelle*, De Vecchi Editore 1975

BRIZI A. *Interazioni e Teorema Cosmico*, LibroStampa 2014

ZICHICHI A. *Galilei divin uomo.* Il Saggiatore, Milano 2001

CAVEDON M. *La nuova storia dell'Universo*, Fenice 2000

CAPRA F. *Il tao della fisica*, Gli Adelphi, Milano 2013

EINSTEIN, *La teoria della relatività*, Navarra 2012

HACK M., *Il mio infinito*, Dalai, Milano 2011

Vallardi A., *Sintesi Fisica*, Milano 2002

Siti internet, *senza fonte.*

Portale *Wikipedia*

RINGRAZIAMENTI

La scrittura è un'attività solitaria. A lavoro ultimato però ci si accorge di aver ricevuto varie opinioni, ciascuna delle quali ha contribuito a migliorare il risultato, a lavoro raggiunto. L'occasione è propizia per scusarmi con i lettori del mio primo libro, dove ho usato il Gergo in modo troppo scontato. Da qui la motivazione questa volta di rivolgermi a un pubblico in modo meno selettivo e più interessato alla mera comprensione. Un meritato grazie al mio amico nonché professore Davide Stella, per il suo contributo nella rilettura e correzione sintattica del testo. Ringrazio quegli amici che mi hanno spinto ad affrontare anche situazioni ambientali, completando il miglioramento del libro. Un meritato grazie, va all'autore del sito Fisica delle Radiazioni, un link che ho trovato, veramente pregiato e ben strutturato, ringrazio per la sua indubbia competenza l'autore, il sito purtroppo mi risulta senza fonte.

Ringrazio anche Chiara Esposito, per il suo inserto molto interessante. Come in tutti i miei viaggi (libri scritti) ringrazio il Portale Wikipedia per il suo puntuale riscontro, e altri siti specializzati (prima acquisiti e poi ritrovati purtroppo senza fonte).

Ringrazio di vero cuore la scienziata Franca Maria de Rossi, con cui ho potuto davvero condividere l'emozione impareggiabile della Fisica; un sentito grazie anche a Daniela Brizzi.

Una nota di merito su un'opinione concessami per un consulto tecnico, va alla dottoressa fisica e scienziata Valentina Vlahovic.

Un ringraziamento speciale alla redazione di &MyBook, per il lodevole supporto concesso e dimostrato, una particolare lode di merito alla dottoressa Michela Pollutri per la sua professionalità.

Un caloroso grazie a tutti voi!

Angelo Brizi